令和2年

畜 産 統 計
大臣官房統計部

令 和 3 年 1 月

農 林 水 産 省

目　　　次

利 用 者 の た め に

1 調査の目的

　主要家畜（乳用牛、肉用牛、豚、採卵鶏及びブロイラー）に関する飼養戸数、飼養頭羽数等を把握し、我が国の畜産生産の現況を明らかにするとともに、畜産行政推進のための基礎資料を整備することを目的とする。

　なお、豚、採卵鶏及びブロイラーは、2020 年農林業センサス実施年のため、令和2年の調査は休止した。

2 調査の根拠

　豚、採卵鶏及びブロイラー調査は、統計法（平成 19 年法律第 53 条）第 19 条第 1 項の規定に基づく総務大臣の承認を受けて実施する一般統計調査である。

　乳用牛及び肉用牛については、牛個体識別全国データベース（牛の個体識別のための情報の管理及び伝達に関する特別措置法（平成 15 年法律第 72 号）第 3 条第 1 項の規定により作成される牛個体識別台帳に記載された事項その他関連する事項をデータベースとしたもの。以下「個体データ」という。）等の情報により集計する加工統計であり、統計法に基づく統計調査には該当しない。

3 調査機構

　乳用牛及び肉用牛についての集計は、農林水産省大臣官房統計部において実施した。

4 調査の体系（太線で囲んだ部分が本書に掲載する範囲）

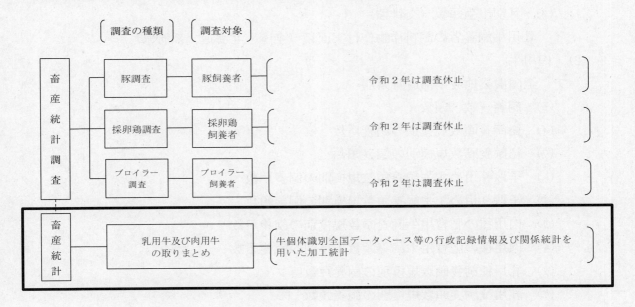

5 集計対象

全国の個体データに登録された乳用牛及び肉用牛の飼養者を対象とした。

6 集計期日

令和2年2月1日現在。

ただし、乳用牛の月別経産牛頭数については、平成31年の3月から令和2年2月までの各月の1日現在における飼養頭数とした。

また、月別出生頭数については、乳用牛が平成31年の2月から令和2年1月まで、肉用牛が平成30年の8月から令和元年の7月までの各月の出生頭数とした。

7 集計事項

下記8に掲げる個体データ、（一社）家畜改良事業団が集計分析した乳用牛群能力検定成績（以下「検定データ」という。）、農林業センサス、作物統計調査及び畜産統計調査（過去データ）の情報により次の事項について集計した。

(1) 乳用牛

  ア　全国農業地域・都道府県別

    (ア) 飼養戸数・頭数

    (イ) 成畜飼養頭数規模別の飼養戸数

    (ウ) 成畜飼養頭数規模別の飼養頭数

    (エ) 成畜飼養頭数規模別の成畜飼養頭数

    (オ) 年齢別飼養頭数

    (カ) 月別経産牛頭数

    (キ) 月別出生頭数（乳用種めす）

    (ク) 月別出生頭数（乳用種おす）

    (ケ) 月別出生頭数（交雑種）

  イ　乳用牛飼養者の飼料作物作付実面積（全国、北海道、都府県）

(2) 肉用牛

  ア　全国農業地域・都道府県別

    (ア) 飼養戸数・頭数

    (イ) 総飼養頭数規模別の飼養戸数

    (ウ) 総飼養頭数規模別の飼養頭数

    (エ) 子取り用めす牛飼養頭数規模別の飼養戸数

    (オ) 子取り用めす牛飼養頭数規模別の飼養頭数

    (カ) 肉用種の肥育用牛飼養頭数規模別の飼養戸数

    (キ) 肉用種の肥育用牛飼養頭数規模別の飼養頭数

    (ク) 乳用種飼養頭数規模別の飼養戸数

    (ケ) 乳用種飼養頭数規模別の飼養頭数

    (コ) 肉用種の肥育用牛及び乳用種飼養頭数規模別の飼養戸数

    (サ) 肉用種の肥育用牛及び乳用種飼養頭数規模別の飼養頭数

    (シ) 交雑種飼養頭数規模別の飼養戸数

  (ス) 交雑種飼養頭数規模別の交雑種飼養頭数

  (セ) ホルスタイン種他飼養頭数規模別の飼養戸数

  (ソ) ホルスタイン種他飼養頭数規模別のホルスタイン種他飼養頭数

  (タ) 飼養状態別飼養戸数

  (チ) 飼養状態別飼養頭数

  (ツ) 肉用種月別出生頭数（めす・おす計）

  (テ) 肉用種月別出生頭数（めす）

  (ト) 肉用種月別出生頭数（おす）

 イ 肉用牛飼養者の飼料作物作付実面積（全国、北海道、都府県）

 ウ 全国農業地域別・飼養頭数規模別

  (ア) 飼養状態別飼養戸数（子取り用めす牛飼養頭数規模別）

  (イ) 飼養状態別飼養頭数（子取り用めす牛飼養頭数規模別）

  (ウ) 飼養状態別飼養戸数（肉用種の肥育用牛飼養頭数規模別）

  (エ) 飼養状態別飼養頭数（肉用種の肥育用牛飼養頭数規模別）

  (オ) 飼養状態別飼養戸数（乳用種飼養頭数規模別）

  (カ) 飼養状態別飼養頭数（乳用種飼養頭数規模別）

  (キ) 飼養状態別飼養戸数（肉用種の肥育用牛及び乳用種飼養頭数規模別）

  (ク) 飼養状態別飼養頭数（肉用種の肥育用牛及び乳用種飼養頭数規模別）

  (ケ) 飼養状態別飼養戸数（交雑種飼養頭数規模別）

  (コ) 飼養状態別交雑種飼養頭数（交雑種飼養頭数規模別）

  (サ) 飼養状態別飼養戸数（ホルスタイン種他飼養頭数規模別）

  (シ) 飼養状態別ホルスタイン種他飼養頭数（ホルスタイン種他飼養頭数規模別）

8 集計に用いた行政記録情報及び関係統計

(1) 個体データ

 （独）家畜改良センターに対して、独立行政法人家畜改良センター牛個体識別全国データベース利用規程（平成 21 年 10 月 28 日付け 21 独家セ第 1121 号）第 4 条(4)に基づき、「独立行政法人家畜改良センター牛個体識別全国データベース利用請求書」により利用請求し入手した個体データを活用した。

(2) 検定データ

 （一社）家畜改良事業団のホームページから入手した平成 30 年度の検定データの「推定新生子牛早期死亡率」並びに分娩間隔及び乾乳日数により算出した「搾乳日数割合と乾乳日数割合」を活用した。

(3) 農林業センサス

 2015 年農林業センサスの農林業経営体のうち、乳用牛を飼養している経営体及び肉用牛を飼養している経営体について、飼料用米、ホールクロップサイレージ用稲、飼料用作物及び牧草専用地の作付面積を集計し活用した。

(4) 作物統計調査

 平成 26 年から令和元年までの作物統計調査により公表している飼料作物作付面積を活用した。

4

(5)　畜産統計調査（過去データ）

　　ア　畜産統計調査の結果として公表している乳用牛飼養者及び肉用牛飼養者の飼料作物
　　　作付実面積の平成27年から平成31年までの直近5か年の平均（全国、北海道、都府
　　　県）を活用した。

　　イ　肉用牛の肉用種の飼養目的別飼養頭数（子取り用めす牛、肥育用牛及び育成牛）の平
　　　成27年から平成31年までの直近5か年の平均（都道府県別）を活用した。

9　集計方法

　　集計は、大臣官房統計部生産流通消費統計課において行った。

　　集計は、次の方法により都道府県別の値を集計し、当該都道府県別の値の積み上げによ
り全国計を集計した。

(1)　飼養戸数

　　飼養戸数は、個体データに登録されている飼養者ごとの飼養形態（乳牛・肉牛・複合）
を集計した。

　　具体的には、個体データに登録されている飼養者の飼養形態別コードが乳牛又は複合
の者を乳用牛飼養者、個体データに登録されている飼養者の飼養形態別コードが肉牛又
は複合の者を肉用牛飼養者として集計した。

　　ただし、飼養形態が乳用牛飼養者であっても個体データに乳用牛の頭数登録がない飼
養者及び飼養形態が肉用牛飼養者であっても個体データに肉用牛の頭数登録がない飼養
者は、飼養戸数に含めない。

(2) 飼養頭数

　　＜飼養頭数の集計項目＞

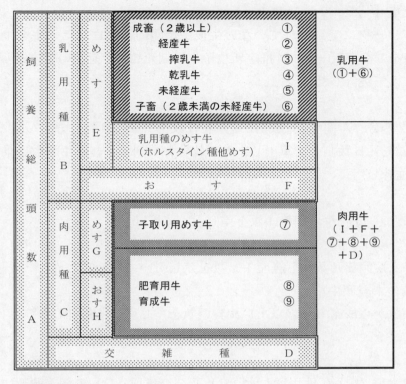

　　　　：　個体データにより算出する項目　　　　　　　　　A～I

　　　　：　個体データ及び検定データにより算出する項目　　①～⑥

　　　　：　個体データ及び畜産統計調査の過去データにより
　　　　　　　　　算出する項目　　　　　　　　　　　　　　　　　⑦～⑨

　ア　乳用牛
　（ア）　乳用牛全体

　　　　個体データの乳用種めすの飼養頭数（B）から肉用目的に育成・肥育中の乳用種め
　　　すの飼養頭数（I）を差し引いて集計した。

　　　　なお、肉用目的に育成・肥育中の乳用種めすの飼養頭数（I）については、個体デ
　　　ータの飼養者ごとの牛の種類・年齢別情報による、乳用種めすのうち3歳未満の牛の
　　　みを飼養し、かつ、牛の飼養頭数に占める肉用種、乳用種おす及び交雑種の飼養頭数
　　　割合が8割以上の飼養者の乳用種めすの飼養頭数とした（以下同じ。）。

　（イ）　成畜（2歳以上）

　　　　この項目には、2歳以上の乳用種めすの他、経産牛については2歳未満であっても
　　　計上することとする。このため、個体データの2歳以上の乳用種めすの飼養頭数に、
　　　個体データに母牛個体識別情報が登録されている2歳未満の乳用種めすの飼養頭数
　　　を加えて集計した。

　　　　さらに、個体データに登録されていない生後1週間内に死亡した子牛を生んだ母
　　　牛の飼養頭数を、検定データの「推定新生子牛早期死亡率」を用いて推計し、その飼
　　　養頭数も加えて集計した。

　　ａ　経産牛

　　　個体データの乳用種めすの母牛個体識別情報を用いて出産経験のある乳用種め
　　すの飼養頭数を集計した。

　　　さらに、個体データに登録されていない生後１週間内に死亡した子牛を生んだ
　　母牛の飼養頭数を、検定データの「推定新生子牛早期死亡率」を用いて推計し、そ
　　の飼養頭数を加えて集計した。

　　（a）　乾乳牛

　　　　　検定データの分べん間隔（日数）から搾乳日数を引いた日数を分べん間隔（日
　　　　数）で除して乾乳日数割合を算出し、この乾乳日数割合を経産牛頭数に乗じて
　　　　飼養頭数を推計した。

　　（b）　搾乳牛

　　　　　経産牛頭数から乾乳牛の飼養頭数を差し引いて推計した。

　　ｂ　未経産牛

　　　　成畜（２歳以上）飼養頭数から経産牛頭数を差し引いて集計した。

（ｳ）　子畜（２歳未満の未経産牛）

　　　乳用牛の飼養頭数から成畜（２歳以上）飼養頭数を差し引いて集計した。

イ　肉用牛

（ｱ）　肉用牛全体

　　　個体データの肉用種（Ｃ）、乳用種おす（Ｆ）及び交雑種（Ｄ）の飼養頭数に、肉
　　用目的に育成・肥育中の乳用種めす（Ｉ）の飼養頭数を加えて集計した。

（ｲ）　肉用種

　　　個体データの肉用種の飼養頭数を集計した。

　　ａ　種別

　　（a）　黒毛和種

　　　　　個体データの黒毛和種の飼養頭数を集計した。

　　（b）　褐毛和種

　　　　　個体データの褐毛和種の飼養頭数を集計した。

　　（c）　その他

　　　　　個体データの無角和種、日本短角種等の和牛のほか、外国牛の肉専用種及び
　　　　肉用種の雑種の飼養頭数を集計した。

　　ｂ　飼養目的別

　　（a）　子取り用めす牛

　　　　　個体データの出産経験のある肉用種めすの飼養頭数に、個体データでは把握
　　　　できない子取り用めす牛（候補牛）の飼養頭数の推定値を加えて集計した。

　　　　　個体データでは把握できない子取り用めす牛（候補牛）飼養頭数の推計方法
　　　　については、a)から e)までの手順による。

　　　　a)　畜産統計調査（過去データ）を用いて次の ⅰ から ⅲ までの飼養頭数を集計
　　　　　した。

　　　　　ⅰ　畜産統計調査の子取り用めす牛飼養頭数から個体データの出産経験の
　　　　　　ある肉用種めすの飼養頭数を差し引いた飼養頭数

  ⅱ 畜産統計調査の肥育用牛飼養頭数から個体データの1歳以上の肉用種
  おすの飼養頭数を差し引いた飼養頭数

  ⅲ 畜産統計調査の育成牛の飼養頭数

 b) a）ⅰからⅲまでの飼養頭数を合算して、個体データでは把握できない飼養
  頭数を算出した。

 c) a）ⅰの飼養頭数を b）の飼養頭数で除して「子取り用めす牛（候補牛）飼養
  頭数割合」を算出した。

 d) 個体データを用いて、肉用種の飼養頭数から出産経験のある肉用種めすの
  飼養頭数及び1歳以上の肉用種おすの飼養頭数を差し引いて、個体データで
  は把握できない飼養頭数を算出した。

 e) d）の飼養頭数に c）の割合を乗じて「個体データでは把握できない子取り
  用めす牛（候補牛）の飼養頭数」を推計した。

(b) 子取り用めす牛のうち、出産経験のある牛

  個体データに登録されている母牛個体識別情報と肉用種めすの個体識別番号
 を照合させ、照合した飼養頭数を集計した。

(c) 肥育用牛

  個体データの1歳以上の肉用種おすの飼養頭数に、個体データでは把握でき
 ない1歳以上の肉用種おす以外の肥育用牛の飼養頭数を加えて集計した。

  個体データでは把握できない1歳以上の肉用種おす以外の肥育用牛飼養頭数
 の集計方法は、a）から e）までの手順による。

 a) 畜産統計調査（過去データ）を用いて次の ⅰ から ⅲ までの飼養頭数を集計
  した。

  ⅰ 畜産統計調査の子取り用めす牛飼養頭数から個体データの出産経験の
  ある肉用種めすの飼養頭数を差し引いた飼養頭数

  ⅱ 畜産統計調査の肥育用牛飼養頭数から個体データの1歳以上の肉用種
  おす頭数の飼養頭数を差し引いた飼養頭数

  ⅲ 畜産統計調査の育成牛の飼養頭数

 b) a）ⅰからⅲまでの飼養頭数を合算して、個体データでは把握できない飼養
  頭数を算出した。

 c) a）ⅱの飼養頭数を b）の飼養頭数で除して「1歳以上の肉用種おす以外の
  肥育用牛飼養頭数割合」を算出した。

 d) 個体データを用いて、肉用種の飼養頭数から出産経験のある肉用種めすの
  飼養頭数及び1歳以上の肉用種おすの飼養頭数を差し引いて、個体データで
  は把握できない飼養頭数を算出した。

 e) d）の飼養頭数に c）の割合を乗じて「個体データでは把握できない1歳以
  上の肉用種おす以外の肥育用牛飼養頭数」を推計した。

(d) 育成牛

  個体データの肉用種の飼養頭数から(a)で算出した子取り用めす牛及び(c)で
 算出した肥育用牛の飼養頭数を差し引いて飼養頭数を推計した。

   (ｳ) 乳用種

    個体データの乳用種おす及び交雑種の飼養頭数に、肉用目的に育成・肥育中の乳用種めすの飼養頭数を加えて集計した。

    a ホルスタイン種他

     個体データの乳用種おすの飼養頭数に、肉用目的に育成・肥育中の乳用種めすの飼養頭数を加えて集計した。

    b 交雑種

     個体データの交雑種の飼養頭数を集計した。

(3) 出生頭数

  乳用牛（乳用種めす、乳用種おす及び交雑種）、肉用牛（肉用種めす及び肉用種おす）ともに、個体データの出生頭数を用いて集計した。

(4) 肉用牛の飼養状態別

  肉用牛飼養者の飼養状況は、個体データの情報を活用し、次のア(ｱ)から(ｴ)まで及びイ(ｱ)から(ｳ)までの飼養状態別に区分した。

 ア 肉用種飼養

  肉用牛飼養者において、牛の飼養頭数に占める肉用種の割合が５割以上の飼養状態をいい、次に掲げるとおり細分化した。

 (ｱ) 子牛生産

  出産経験のある肉用種めすを飼っていて、１歳以上の肉用種おす又は１歳以上の出産経験のない肉用種めすを飼っていない飼養状態をいう。

 (ｲ) 肥育用牛飼養

  １歳以上の肉用種おす又は１歳以上の出産経験のない肉用種めすを飼っていて、出産経験のある肉用種めすを飼っていない飼養状態をいう。

 (ｳ) 育成牛飼養

  １歳未満の肉用種おす又は１歳未満の肉用種めすを飼っていて、出産経験のある肉用種めす、１歳以上の肉用種おす又は１歳以上の肉用種めすを飼っていない飼養状態をいう。

 (ｴ) その他の飼養

  肉用種の子牛生産、肥育用牛飼養及び育成牛飼養以外の飼養状態をいう。

 イ 乳用種飼養

  肉用牛飼養者において、牛の飼養頭数に占める肉用種の割合が５割未満の飼養状態をいい、次に掲げるとおり細分化した。

 (ｱ) 育成牛飼養

  ８か月未満の乳用種おす又は８か月未満の乳用種めすを飼っていて、８か月以上の乳用種おす又は８か月以上の乳用種めすを飼っていない飼養状態をいう。

 (ｲ) 肥育牛飼養

  ８か月以上の乳用種おす又は８か月以上の乳用種めすを飼っていて、８か月未満の乳用種おす又は８か月未満の乳用種めすを飼っていない飼養状態をいう。

 (ｳ) その他の飼養

  乳用種の育成牛飼養及び肥育牛飼養以外の飼養状態をいう。

(5) 飼料作物作付実面積
　ア　乳用牛飼養者の飼料作物作付実面積
　　　作物統計調査の飼料作物作付面積のデータ、農林業センサスの農林業経営体調査の調査票情報及び畜産統計調査（過去データ）を用いて北海道及び都府県別に推計した。具体的な算出方法は、次の(ｱ)から(ｳ)までの手順による。
　(ｱ)　平成26年から平成30年までの作物統計調査の飼料作物作付面積に2015年農林業センサスの飼料作物作付面積に占める乳用牛経営体の作付面積割合をそれぞれ乗じ、これらの平均値を算出した。
　(ｲ)　畜産統計調査の乳用牛飼養者の飼料作物作付実面積の平成27年から平成31年までの平均値から(ｱ)で算出した平均値を除して補正率を算出した。
　(ｳ)　令和元年の作物統計調査の飼料作物作付面積に2015年農林業センサスの飼料作物作付面積に占める乳用牛経営体の作付面積割合を乗じて算出した飼料作物作付面積に補正率を乗じて乳用牛飼養者の飼料作物作付実面積を推計した。
　イ　肉用牛飼養者の飼料作物作付実面積
　　　作物統計調査の飼料作物作付面積のデータ、農林業センサスの農林業経営体調査の調査票情報及び畜産統計調査（過去データ）を用いて北海道及び都府県別に推計した。具体的な算出方法は、次の(ｱ)から(ｳ)までの手順による。
　(ｱ)　平成26年から平成30年までの作物統計調査の飼料作物作付面積に2015年農林業センサスの飼料作物作付面積に占める肉用牛経営体の作付面積割合をそれぞれ乗じ、これらの平均値を算出した。
　(ｲ)　畜産統計調査の肉用牛飼養者の飼料作物作付実面積の平成27年から平成31年までの平均値から(ｱ)で算出した平均値を除して補正率を算出した。
　(ｳ)　令和元年の作物統計調査の飼料作物作付面積に2015年農林業センサスの飼料作物作付面積に占める肉用牛経営体の作付面積割合を乗じて算出した飼料作物作付面積に補正率を乗じて肉用牛飼養者の飼料作物作付実面積を推計した。

10　用語の定義・約束

(1) 乳用牛

乳用牛	搾乳を目的として飼養している牛及び将来搾乳牛に仕立てる目的で飼養している子牛をいう。したがって、本統計の対象はめすのみとし、交配するための同種のおすは除いた。 　乳用牛、肉用牛の区分は利用目的によることとし、めすの未経産牛を肉用目的に肥育しているものは肉用牛とした。 　ただし、搾乳の経験のある牛を肉用に肥育（例えば老廃牛の肥育）中のものは肉用牛とせず乳用牛とした。 　これは、と畜前の短期間の肥育が一般的であり、本来の肉用牛の生産と性格を異にしていること及び1頭の牛が乳用牛と肉用牛に2度カウントされるのを防ぐためである。
成畜	満2歳以上の牛をいう。 　ただし、2歳未満であっても既に分べんの経験のある牛は、成

	畜に含めた。
経産牛	分べん経験のある牛をいい、搾乳牛と乾乳牛とに分けられる。
搾乳牛	経産牛のうち、搾乳中の牛をいう。
乾乳牛	経産牛のうち、搾乳していない牛をいう。
未経産牛	出生してから、初めて分べんするまでの牛をいう。
月別経産牛頭数	各月1日現在毎の、経産牛（搾乳牛・乾乳牛）の頭数をいう。
出生頭数	生きて生まれた子牛の頭数をいう。

(2) 肉用牛

肉用牛	肉用を目的として飼養している牛をいう（種おす、子取り用めす牛を含む。）
	肉用牛、乳用牛の区分は、品種区分ではなく、利用目的によって区分した。したがって、乳用種のおすばかりでなく、未経産のめす牛も肥育を目的として飼養している場合は肉用牛とした。
肉用種の肥育用牛	黒毛和種、褐毛（あか毛）和種、無角和種、日本短角種等の和牛のほか、外国系統牛の肉専用種を肉牛として販売することを目的に飼養している牛（種おすを含む。）をいう。
	なお、子取り用めす牛を除き、ほ乳・育成期間の牛においては、もと牛として出荷する予定のものは含めないが、引き続き自家で肥育する予定のものは含めた。
肉用種の子取り用めす牛	子牛を生産することを目的として飼養している肉専用種のめす牛をいう。
肉用種の育成牛	もと牛として出荷する予定の肉専用種の牛をいう。
乳用種	ホルスタイン種、ジャージー種等の乳用種のうち、肉用を目的に飼養している牛をいう。
ホルスタイン種他	交雑種を除く乳用種のおす牛及び未経産のめす牛をいう。
交雑種	乳用種のめす牛に和牛等の肉専用種のおす牛を交配し生産されたＦ１牛・Ｆ１クロス牛をいう。

(3) 乳用牛及び肉用牛共通

| 飼料作物作付実面積 | 乳用牛又は肉用牛飼養者が、家畜の飼料にする目的で、飼料作物（牧草を含む。）を作付けした田と畑の作付実面積をいう。 |

11 利用上の注意

(1) 畜産統計（令和2年2月1日現在）の利用に当たって

統計法（平成19年法律第53号）に基づき策定される「公的統計の整備に関する基本的な計画」（平成30年3月6日閣議決定）において、統計調査における報告者の負担軽減のみならず、正確で効率的な統計の作成にも寄与することから、行政記録情報の積極的な活用の必要性が述べられている。

このような観点から、畜産統計における乳用牛及び肉用牛の数値把握については、従

来実施してきた飼養者を対象とした郵送調査により把握する方法をとりやめ、これに替わり牛個体識別全国データベース、乳用牛群能力検定成績などのデータを活用して集計する方法に変更した。

この変更によって令和2年の公表数値を前年（平成31年）の調査結果と比較した場合には、生産実態の変動に加えて、調査設計の変更に伴う数値の変動が含まれることから、公表項目によっては、必ずしも生産実態の変動と整合しないケースがあり、本統計においては前年比較をしていない。

このため、令和2年の公表数値を前年比較する際に用いる参考データとして、前年（平成31年）について、令和2年の公表数値と同様の方法により集計した数値を掲載した。

(2)　統計表に掲載した全国農業地域・地方農政局の区分は、次のとおりである。

ア　全国農業地域

全国農業地域名	所属都道府県名
北海道	北海道
東北	青森、岩手、宮城、秋田、山形、福島
北陸	新潟、富山、石川、福井
関東・東山	茨城、栃木、群馬、埼玉、千葉、東京、神奈川、山梨、長野
東海	岐阜、静岡、愛知、三重
近畿	滋賀、京都、大阪、兵庫、奈良、和歌山
中国	鳥取、島根、岡山、広島、山口
四国	徳島、香川、愛媛、高知
九州	福岡、佐賀、長崎、熊本、大分、宮崎、鹿児島
沖縄	沖縄

イ　地方農政局

地方農政局名	所属都道府県名
東北農政局	アの東北の所属都道府県と同じ。
北陸農政局	アの北陸の所属都道府県と同じ。
関東農政局	茨城、栃木、群馬、埼玉、千葉、東京、神奈川、山梨、長野、静岡
東海農政局	岐阜、愛知、三重
近畿農政局	アの近畿の所属都道府県と同じ。
中国四国農政局	鳥取、島根、岡山、広島、山口、徳島、香川、愛媛、高知
九州農政局	アの九州の所属都道府県と同じ。

注：　東北農政局、北陸農政局、近畿農政局及び九州農政局の結果については、全国農業地域区分における各地域の結果と同じであることから、表章はしていない。

(3)　統計表に用いた記号は、次のとおりである。

「0」：1〜4頭を四捨五入したもの（例：4頭→0頭）

「−」：事実のないもの

「…」：事実不詳又は調査を欠くもの

「‥」：未発表のもの

「x」：個人又は法人その他の団体に関する秘密を保護するため、統計数値を公表しないもの

「nc」：計算不能

(4) 秘匿措置について

統計結果について、飼養戸数が2以下の場合には当該結果の秘密保護の観点から、該当結果を「x」表示とする秘匿措置を講じた。

なお、全体「計」から差引きにより、秘匿措置を講じた当該結果が推定できる場合には、本来秘匿措置を講じる必要がない箇所についても「x」表示としている。

また、(5)により四捨五入をしている場合は、差引きによっても推定できないため、秘匿措置を講じる箇所のみ「x」表示としている場合もある。

(5) 数値の四捨五入について

ア 飼養戸数

3桁以下の数値を原数表示することとし、4桁以上の数値については次の方法により四捨五入を行った。

原数	7桁以上 (100万)	6桁 (10万)	5桁 (1万)	4桁 (1,000)	3桁 (100)	2桁 (10)	1桁 (1)
四捨五入する桁 (下から)	3桁	2桁		1桁	四捨五入しない		
例 四捨五入する前 (原数)	1,234,567	123,456	12,345	1,234	123	12	1
例 四捨五入した数値 (統計数値)	1,235,000	123,500	12,300	1,230	123	12	1

イ 飼養頭数及び面積

次の方法により四捨五入を行った。

原数	7桁以上 (100万)	6桁 (10万)	5桁 (1万)	4桁 (1,000)	3桁 (100)	2桁 (10)	1桁 (1)
四捨五入する桁 (下から)	3桁	2桁		1桁			
例 四捨五入する前 (原数)	1,234,567	123,456	12,345	1,234	123	12	1
例 四捨五入した数値 (統計数値)	1,235,000	123,500	12,300	1,230	120	10	0

(6) 本統計の累年データは、農林水産省ホームページ「統計情報」の分野別分類「作付面積・生産量、被害、家畜の頭数など」、品目別分類「畜産」の「畜産統計調査」で御覧いただけます。

【 https://www.maff.go.jp/j/tokei/kouhyou/tikusan/index.html#1 】

(7) この統計表に掲載された数値を他に転載する場合は、「畜産統計」（農林水産省）による旨を記載してください。

12　お問合せ先

農林水産省　大臣官房統計部　生産流通消費統計課　畜産・木材統計班

電話：（代表）03-3502-8111（内線 3686）

　　　（直通）03-3502-5665

FAX：03-5511-8771

※　本調査に関するご意見・ご要望は、上記問合せ先のほか、農林水産省ホームページで
　受け付けております。

　【 https://www.contactus.maff.go.jp/j/form/tokei/kikaku/160815.html 】

I　統計結果の概要

1　乳用牛
（1）　飼養戸数・頭数

　　令和2年2月1日現在（以下「令和2年」という。）の乳用牛の全国の飼養戸数は1万 4,400 戸となった。

　　飼養頭数は135万2,000頭となった。飼養頭数の内訳をみると、経産牛は83万8,900頭となった。また、未経産牛は51万3,400頭となった。

　　なお、1戸当たり飼養頭数は93.9頭となった。

図1　乳用牛の飼養戸数・頭数の推移

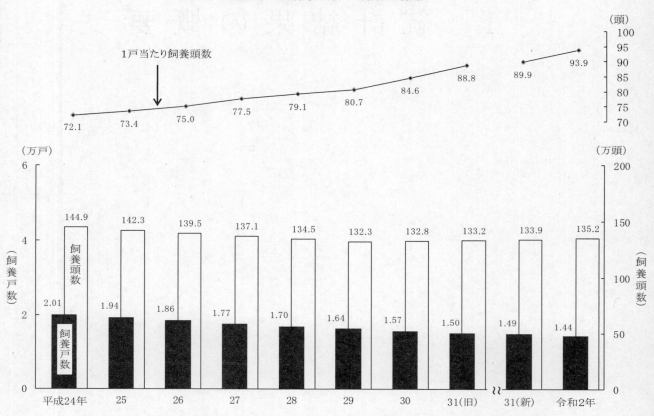

注：1　令和2年は、牛個体識別全国データベース等の行政記録情報及び関係統計を用いて集計した加工統計である（以下の図において同じ。）。
　　2　平成31年(新)は、牛個体識別全国データベース等の行政記録情報及び関係統計を用いた令和2年の集計方法により作成した参考値である（以下図4において同じ。）。
　　3　平成24年から平成31年(旧)までは、畜産統計調査である（以下図4において同じ。）。

表1　乳用牛の飼養戸数・頭数

区　　分	飼養戸数	飼養頭数 計	経産牛 小　計	搾乳牛	乾乳牛	未経産牛	1戸当たり飼養頭数
令和2年	戸	千頭	千頭	千頭	千頭	千頭	頭
実　数	14,400	1,352.0	838.9	715.4	123.5	513.4	93.9
構成比（％）	-	100.0	62.0	52.9	9.1	38.0	-
平成31年(新)							
実　数	14,900	1,339.0	840.7	717.0	123.7	498.7	89.9
構成比（％）	-	100.0	62.8	53.5	9.2	37.2	-

注：1　数値については、四捨五入のため合計と内訳の計が一致しないことがある（四捨五入の方法については、「利用者のために」を参照。以下同じ。）。
　　2　平成31年（新）の数値は、牛個体識別全国データベース等の行政記録情報及び関係統計を用いて集計した令和2年の集計方法により作成した参考値である（以下同じ）。

(2)　全国農業地域別飼養戸数・頭数
　　全国農業地域別にみると、乳用牛の飼養戸数及び飼養頭数は、北海道がそれぞれ全国の４割、
６割を占めている。

図２　乳用牛の飼養戸数・頭数の全国農業地域別割合

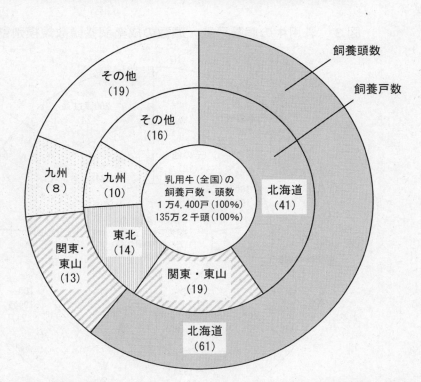

注：割合については、単位未満を四捨五入したため、内訳の計が100％とならない場合がある（以下同じ）。

表２　乳用牛の全国農業地域別飼養戸数・頭数

区　分	単位	全　国	北海道	東　北	北　陸	関　東・東　山	東　海	近　畿	中　国	四　国	九　州	沖　縄
令和２年												
飼養戸数											
実数	戸	14,400	5,840	2,080	284	2,710	607	434	629	305	1,410	66
全国割合	%	100.0	40.6	14.4	2.0	18.8	4.2	3.0	4.4	2.1	9.8	0.5
飼養頭数											
実数	千頭	1,352.0	820.9	99.2	12.4	172.4	48.5	24.6	47.6	16.9	105.5	4.3
全国割合	%	100.0	60.7	7.3	0.9	12.8	3.6	1.8	3.5	1.3	7.8	0.3
平成31年（新）												
飼養戸数											
実数	戸	14,900	5,990	2,170	292	2,840	635	454	666	330	1,450	64
全国割合	%	100.0	40.2	14.6	2.0	19.1	4.3	3.0	4.5	2.2	9.7	0.4
飼養頭数											
実数	千頭	1,339.0	804.5	99.7	12.6	175.0	49.4	24.7	45.6	17.4	106.2	4.3
全国割合	%	100.0	60.1	7.4	0.9	13.1	3.7	1.8	3.4	1.3	7.9	0.3

18

(3) 成畜飼養頭数規模別飼養戸数・頭数

　　乳用牛を成畜飼養頭数規模別にみると、飼養戸数は「30〜49頭」の階層で最も多く、飼養頭数は「200頭以上」の階層が最も多い。

　　なお、成畜飼養頭数規模別の飼養頭数割合は、「100〜199頭」及び「200頭以上」の階層で全国の4割以上を占めている。

図3　乳用牛の飼養戸数・頭数の成畜飼養頭数規模別割合

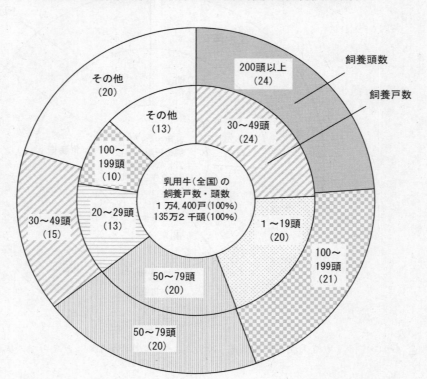

表3　乳用牛の成畜飼養頭数規模別飼養戸数・頭数

区　　分	単位	計	成　畜　飼　養　頭　数　規　模									子畜のみ
			小計	1〜19頭	20〜29	30〜49	50〜79	80〜99	100〜199	200頭以上	300頭以上	
令和2年												
飼養戸数												
実　数	戸	14,400	14,000	2,890	1,880	3,500	2,870	952	1,400	561	288	320
全国割合	%	100.0	97.2	20.1	13.1	24.3	19.9	6.6	9.7	3.9	2.0	2.2
飼養頭数												
実　数	千頭	1,352.0	1,339.0	62.9	70.2	206.2	269.6	128.5	279.0	322.3	228.4	13.7
全国割合	%	100.0	99.0	4.7	5.2	15.3	19.9	9.5	20.6	23.8	16.9	1.0
平成31年(新)												
飼養戸数												
実　数	戸	14,900	14,600	2,960	2,000	3,690	3,000	1,000	1,390	534	258	322
全国割合	%	100.0	98.0	19.9	13.4	24.8	20.1	6.7	9.3	3.6	1.7	2.2
飼養頭数												
実　数	千頭	1,339.0	1,323.0	61.6	72.7	207.2	276.9	131.8	275.3	297.2	202.5	16.8
全国割合	%	100.0	98.8	4.6	5.4	15.5	20.7	9.8	20.6	22.2	15.1	1.3

注：飼養頭数は、飼養者が飼養している全ての乳用牛（成畜及び子畜）の頭数である。

2 肉用牛
(1) 飼養戸数・頭数

令和2年の肉用牛の全国の飼養戸数は4万3,900戸となった。

飼養頭数は255万5,000頭となった。飼養頭数の内訳をみると、肉用種は179万2,000頭で、このうち、子取り用めす牛は62万2,000頭、肥育用牛は78万4,600頭となった。

また、乳用種は76万3,400頭で、このうち、ホルスタイン種他は26万7,900頭、交雑種は49万5,400頭となった。

なお、1戸当たり飼養頭数は58.2頭となった。

図4 肉用牛の飼養戸数・頭数の推移

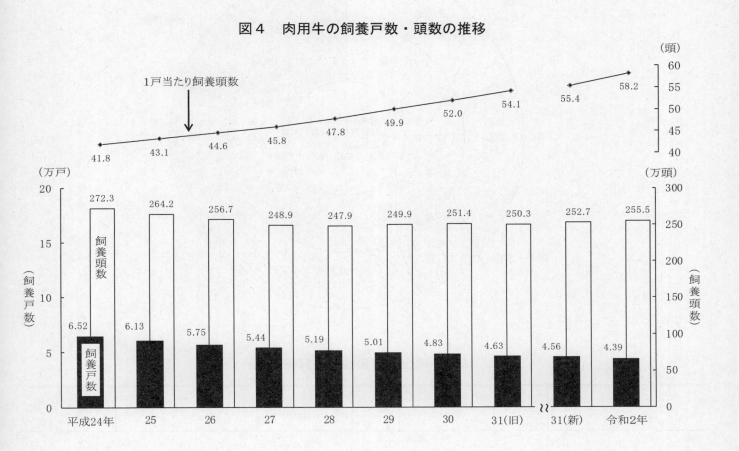

表4 肉用牛の飼養戸数・頭数

区　　分	飼養戸数	飼　養　頭　数							1戸当たり飼養頭数
		計	肉用種			乳　用　種			
				子取り用めす牛	肥育用牛	小　計	ホルスタイン種他	交雑種	
令和2年	戸	千頭	千頭	千頭	千頭	千頭	千頭	千頭	頭
実　　数	43,900	2,555.0	1,792.0	622.0	784.6	763.4	267.9	495.4	58.2
構成比（％）	－	100.0	70.1	24.3	30.7	29.9	10.5	19.4	－
平成31年（新）									
実　　数	45,600	2,527.0	1,751.0	605.3	765.2	776.6	277.8	498.8	55.4
構成比（％）	－	100.0	69.3	24.0	30.3	30.7	11.0	19.7	－

(2) 全国農業地域別飼養戸数・頭数

　　全国農業地域別にみると、肉用牛の飼養戸数及び飼養頭数は、九州がともに全国の約4割を占めている。

図5　肉用牛の飼養戸数・頭数の全国農業地域別割合

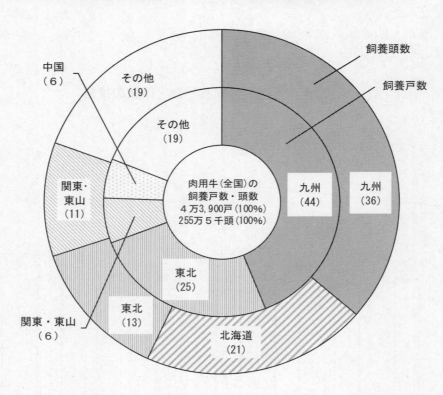

表5　肉用牛の全国農業地域別飼養戸数・頭数

区　分	単位	全　国	北海道	東　北	北　陸	関　東・東　山	東　海	近　畿	中　国	四　国	九　州	沖　縄
令和2年												
飼養戸数												
実　数	戸	43,900	2,350	11,100	343	2,790	1,100	1,500	2,430	667	19,300	2,350
全国割合	%	100.0	5.4	25.3	0.8	6.4	2.5	3.4	5.5	1.5	44.0	5.4
飼養頭数												
実　数	千頭	2,555.0	524.7	334.5	21.7	272.4	121.8	89.1	124.3	59.9	927.1	79.7
全国割合	%	100.0	20.5	13.1	0.8	10.7	4.8	3.5	4.9	2.3	36.3	3.1
平成31年(新)												
飼養戸数												
実　数	戸	45,600	2,360	11,600	362	2,900	1,130	1,530	2,560	684	20,100	2,360
全国割合	%	100.0	5.2	25.4	0.8	6.4	2.5	3.4	5.6	1.5	44.1	5.2
飼養頭数												
実　数	千頭	2,527.0	518.6	336.4	21.6	273.4	120.8	87.4	121.6	58.6	910.0	78.9
全国割合	%	100.0	20.5	13.3	0.9	10.8	4.8	3.5	4.8	2.3	36.0	3.1

(3) 総飼養頭数規模別飼養戸数・頭数

ア　総飼養頭数規模別飼養戸数・頭数

　　肉用牛を総飼養頭数規模別にみると、飼養戸数は「1～4頭」の階層で最も多く、飼養頭数は「500頭以上」の階層が最も多い。

　　なお、総飼養頭数規模別の飼養頭数割合は、「500頭以上」の階層で全国の4割を占めている。

図6　肉用牛の飼養頭数・戸数の総飼養頭数規模別割合

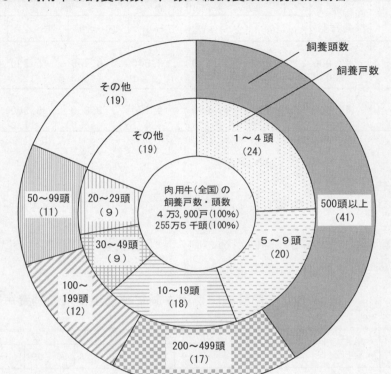

表6　肉用牛の総飼養頭数規模別飼養戸数・頭数

区　分	単位	計	1～4頭	5～9	10～19	20～29	30～49	50～99	100～199	200～499	500頭以上
令和2年											
飼養戸数 実数	戸	43,900	10,700	8,890	8,070	4,010	4,020	3,920	2,180	1,400	743
全国割合	%	100.0	24.4	20.3	18.4	9.1	9.2	8.9	5.0	3.2	1.7
飼養頭数 実数	千頭	2,555.0	28.7	63.4	117.3	101.5	161.5	286.8	317.6	436.9	1,042.0
全国割合	%	100.0	1.1	2.5	4.6	4.0	6.3	11.2	12.4	17.1	40.8
平成31年(新)											
飼養戸数 実数	戸	45,600	11,500	9,470	8,290	4,050	4,100	3,890	2,180	1,380	732
全国割合	%	100.0	25.2	20.8	18.2	8.9	9.0	8.5	4.8	3.0	1.6
飼養頭数 実数	千頭	2,527.0	30.8	67.2	120.3	102.0	164.4	282.6	319.4	429.4	1,011.0
全国割合	%	100.0	1.2	2.7	4.8	4.0	6.5	11.2	12.6	17.0	40.0

イ　肉用種の目的別飼養頭数別飼養戸数

（ア）　子取り用めす牛

　　　肉用種の子取り用めす牛を飼養している戸数は3万8,600戸で、肉用牛飼養戸数の87.9%となっている。

　　　飼養頭数規模別にみると、肉用種の子取り用めす牛を飼養している戸数は、「1〜4頭」の階層の割合が最も大きい。

表7　子取り用めす牛飼養頭数規模別の飼養戸数

単位：戸

区　　分	肉用牛の飼養戸数	子 取 り 用 め す 牛 飼 養 頭 数 規 模							子取り用めす牛なし
		計	1〜4頭	5〜9	10〜19	20〜49	50〜99	100頭以上	
令和2年									
実　数	43,900	38,600	15,800	8,810	6,700	5,390	1,380	522	5,360
構成比（%）	100.0	87.9	36.0	20.1	15.3	12.3	3.1	1.2	12.2
平成31年（新）									
実　数	45,600	40,100	17,000	9,150	6,850	5,300	1,310	500	5,520
構成比（%）	100.0	87.9	37.3	20.1	15.0	11.6	2.9	1.1	12.1

注：　この統計表の子取り用めす牛飼養頭数規模は、牛個体識別全国データベースにおいて出産経験のある肉用種めすの頭数を階層として区分したものである。

（イ）　肥育用牛

　　　肉用種の肥育用牛を飼養している戸数は6,790戸で、肉用牛飼養戸数の15.5%となっている。

　　　飼養頭数規模別にみると、肉用種の肥育用牛を飼養している戸数は、「1〜9頭」の階層の割合が最も大きい。

表8　肉用種の肥育用牛飼養頭数規模別の飼養戸数

単位：戸

区　　分	肉用牛の飼養戸数	肥 育 用 牛 飼 養 頭 数 規 模								肥育用牛なし
		計	1〜9頭	10〜19	20〜29	30〜49	50〜99	100〜199	200〜499	500頭以上	
令和2年										
実　数	43,900	6,790	3,520	691	429	575	675	497	285	122	37,100
構成比（%）	100.0	15.5	8.0	1.6	1.0	1.3	1.5	1.1	0.6	0.3	84.5
平成31年（新）										
実　数	45,600	6,750	3,450	700	439	598	667	505	277	108	38,800
構成比（%）	100.0	14.8	7.6	1.5	1.0	1.3	1.5	1.1	0.6	0.2	85.1

注：　この統計表の肉用種の肥育用牛飼養頭数規模は、牛個体識別全国データベースにおいて1歳以上の肉用種おすの頭数を階層として区分したものである。

ウ　乳用種の飼養頭数規模別飼養戸数

　　　肉用の乳用種を飼養している戸数は4,560戸で、肉用牛飼養戸数の10.4%となっている。

　　　飼養頭数規模別にみると、肉用の乳用種を飼養している戸数は、「1〜4頭」の階層の割合が最も大きい。

表9　乳用種飼養頭数規模別の飼養戸数

単位：戸

区　　分	肉用牛の飼養戸数	乳 用 種 飼 養 頭 数 規 模								乳用種なし
		計	1〜4頭	5〜19	20〜29	30〜49	50〜99	100〜199	200頭以上	500頭以上	
令和2年										
実　数	43,900	4,560	1,800	853	175	201	320	404	457	349	39,400
構成比（%）	100.0	10.4	4.1	1.9	0.4	0.5	0.7	0.9	1.0	0.8	89.7
平成31年（新）										
実　数	45,600	4,730	1,880	862	172	231	317	440	461	365	40,900
構成比（%）	100.0	10.4	4.1	1.9	0.4	0.5	0.7	1.0	1.0	0.8	89.7

II 統 計 表
1 乳 用 牛
（令和2年2月1日現在）

24 乳 用 牛

(1) 全国農業地域・都道府県別

ア 飼養戸数・頭数

全国農業地域・都道府県		飼養戸数	飼養 頭 数 合計 (3) + (8)	成 畜 (2 歳 以 上) 計	小 計	経 産 牛 搾 乳 牛	乾 乳 牛	未 経 産 牛
		(1)	(2)	(3)	(4)	(5)	(6)	(7)
		戸	頭	頭	頭	頭	頭	頭
全 国	(1)	14,400	1,352,000	900,300	838,900	715,400	123,500	61,400
(全国農業地域)								
北 海 道	(2)	5,840	820,900	495,400	459,800	390,800	69,000	35,600
都 府 県	(3)	8,520	531,400	404,900	379,100	324,600	54,500	25,800
東 北	(4)	2,080	99,200	72,500	67,800	58,000	9,800	4,700
北 陸	(5)	284	12,400	9,580	9,080	7,750	1,330	500
関東・東山	(6)	2,710	172,400	132,700	124,200	105,900	18,300	8,440
東 海	(7)	607	48,500	38,700	36,800	31,600	5,200	1,930
近 畿	(8)	434	24,600	19,500	18,300	15,800	2,520	1,180
中 国	(9)	629	47,600	35,900	33,700	29,000	4,730	2,210
四 国	(10)	305	16,900	13,500	12,800	11,000	1,760	750
九 州	(11)	1,410	105,500	79,100	73,400	62,900	10,400	5,760
沖 縄	(12)	66	4,250	3,370	3,050	2,610	440	320
(都道府県)								
北 海 道	(13)	5,840	820,900	495,400	459,800	390,800	69,000	35,600
青 森	(14)	172	11,800	9,180	8,540	7,280	1,270	630
岩 手	(15)	835	41,600	27,800	25,800	22,100	3,690	2,020
宮 城	(16)	472	18,500	14,000	13,100	11,200	1,860	900
秋 田	(17)	87	3,960	3,130	2,950	2,550	400	180
山 形	(18)	214	11,400	9,470	8,970	7,630	1,340	500
福 島	(19)	299	12,000	8,940	8,470	7,220	1,250	470
茨 城	(20)	316	24,300	19,800	18,700	16,000	2,720	1,050
栃 木	(21)	660	52,100	40,600	37,800	32,400	5,360	2,790
群 馬	(22)	469	33,900	24,800	23,200	19,800	3,380	1,630
埼 玉	(23)	181	8,270	6,260	5,840	5,010	830	420
千 葉	(24)	522	28,600	22,300	21,000	17,700	3,320	1,300
東 京	(25)	47	1,520	1,160	1,090	930	160	80
神 奈 川	(26)	171	5,380	4,240	4,000	3,390	620	240
新 潟	(27)	177	6,220	4,960	4,670	4,000	670	290
富 山	(28)	38	1,940	1,490	1,400	1,190	210	90
石 川	(29)	47	3,180	2,390	2,310	1,950	360	90
福 井	(30)	22	1,020	740	700	600	100	40
山 梨	(31)	56	3,480	2,560	2,380	2,040	340	180
長 野	(32)	288	14,800	11,000	10,200	8,630	1,580	760
岐 阜	(33)	104	5,510	3,810	3,630	3,130	500	180
静 岡	(34)	193	13,600	10,900	10,300	8,780	1,510	640
愛 知	(35)	271	22,600	18,300	17,400	15,000	2,480	910
三 重	(36)	39	6,750	5,620	5,420	4,710	710	200
滋 賀	(37)	46	2,700	2,060	1,950	1,690	260	110
京 都	(38)	47	3,950	3,120	2,940	2,530	420	180
大 阪	(39)	24	1,230	1,100	1,070	930	140	30
兵 庫	(40)	265	13,200	9,970	9,250	8,030	1,220	730
奈 良	(41)	41	3,040	2,730	2,620	2,210	410	120
和 歌 山	(42)	11	570	530	520	440	70	10
鳥 取	(43)	115	8,950	6,570	6,190	5,340	850	380
島 根	(44)	95	10,600	8,210	7,690	6,560	1,130	520
岡 山	(45)	227	16,800	12,900	12,100	10,400	1,720	750
広 島	(46)	135	8,680	6,280	5,820	5,030	790	460
山 口	(47)	57	2,620	2,000	1,910	1,660	250	90
徳 島	(48)	87	4,020	3,250	3,070	2,650	420	180
香 川	(49)	67	4,760	3,970	3,760	3,220	550	210
愛 媛	(50)	100	4,970	3,750	3,540	3,080	470	210
高 知	(51)	51	3,210	2,540	2,390	2,060	330	150
福 岡	(52)	198	12,100	9,190	8,610	7,370	1,240	580
佐 賀	(53)	41	2,240	1,850	1,760	1,510	250	100
長 崎	(54)	146	7,070	5,870	5,530	4,770	770	340
熊 本	(55)	519	44,400	32,700	30,200	26,000	4,140	2,520
大 分	(56)	109	12,300	8,930	8,150	6,900	1,260	780
宮 崎	(57)	229	13,600	10,300	9,690	8,300	1,390	660
鹿 児 島	(58)	166	13,800	10,200	9,440	8,030	1,420	790
沖 縄	(59)	66	4,250	3,370	3,050	2,610	440	320
関東農政局	(60)	2,900	186,000	143,600	134,500	114,700	19,800	9,080
東海農政局	(61)	414	34,900	27,800	26,500	22,800	3,690	1,290
中国四国農政局	(62)	934	64,500	49,400	46,500	40,000	6,490	2,960

注： 1　統計数値は、四捨五入の関係で内訳と計は必ずしも一致しない（以下同じ）。
　　 2　成畜（2歳以上）には、2歳未満の経産牛（分べん経験のある牛）を含む。

子　畜 （2歳未満の 未経産牛） (8)	未経産牛計 (7) + (8) (9)	経 産 牛 頭数割合 (4) / (2) (10)	搾 乳 牛 頭数割合 (5) / (4) (11)	子　畜 頭数割合 (8) / (2) (12)	1戸当たり 飼養頭数 (2) / (1) (13)	
頭	頭	%	%	%	頭	
452,000	513,400	62.0	85.3	33.4	93.9	(1)
325,500	361,100	56.0	85.0	39.7	140.6	(2)
126,500	152,300	71.3	85.6	23.8	62.4	(3)
26,800	31,500	68.3	85.5	27.0	47.7	(4)
2,780	3,280	73.2	85.4	22.4	43.7	(5)
39,700	48,200	72.0	85.3	23.0	63.6	(6)
9,750	11,700	75.9	85.9	20.1	79.9	(7)
5,130	6,300	74.4	86.3	20.9	56.7	(8)
11,700	13,900	70.8	86.1	24.6	75.7	(9)
3,440	4,190	75.7	85.9	20.4	55.4	(10)
26,400	32,100	69.6	85.7	25.0	74.8	(11)
880	1,200	71.8	85.6	20.7	64.4	(12)
325,500	361,100	56.0	85.0	39.7	140.6	(13)
2,650	3,280	72.4	85.2	22.5	68.6	(14)
13,800	15,800	62.0	85.7	33.2	49.8	(15)
4,500	5,400	70.8	85.5	24.3	39.2	(16)
830	1,010	74.5	86.4	21.0	45.5	(17)
1,970	2,470	78.7	85.1	17.3	53.3	(18)
3,040	3,510	70.6	85.2	25.3	40.1	(19)
4,510	5,560	77.0	85.6	18.6	76.9	(20)
11,600	14,400	72.6	85.7	22.3	78.9	(21)
9,110	10,700	68.4	85.3	26.9	72.3	(22)
2,010	2,420	70.6	85.8	24.3	45.7	(23)
6,280	7,570	73.4	84.3	22.0	54.8	(24)
360	440	71.7	85.3	23.7	32.3	(25)
1,140	1,380	74.3	84.8	21.2	31.5	(26)
1,260	1,540	75.1	85.7	20.3	35.1	(27)
450	530	72.2	85.0	23.2	51.1	(28)
790	880	72.6	84.4	24.8	67.7	(29)
280	330	68.6	85.7	27.5	46.4	(30)
920	1,100	68.4	85.7	26.4	62.1	(31)
3,820	4,580	68.9	84.6	25.8	51.4	(32)
1,700	1,880	65.9	86.2	30.9	53.0	(33)
2,680	3,310	75.7	85.2	19.7	70.5	(34)
4,250	5,160	77.0	86.2	18.8	83.4	(35)
1,130	1,330	80.3	86.9	16.7	173.1	(36)
640	750	72.2	86.7	23.7	58.7	(37)
830	1,010	74.4	86.1	21.0	84.0	(38)
130	160	87.0	86.9	10.6	51.3	(39)
3,190	3,910	70.1	86.8	24.2	49.8	(40)
310	420	86.2	84.4	10.2	74.1	(41)
40	50	91.2	84.6	7.0	51.8	(42)
2,380	2,760	69.2	86.3	26.6	77.8	(43)
2,340	2,860	72.5	85.3	22.1	111.6	(44)
3,930	4,690	72.0	86.0	23.4	74.0	(45)
2,400	2,860	67.1	86.4	27.6	64.3	(46)
620	710	72.9	86.9	23.7	46.0	(47)
770	950	76.4	86.3	19.2	46.2	(48)
790	990	79.0	85.6	16.6	71.0	(49)
1,220	1,420	71.2	87.0	24.5	49.7	(50)
670	820	74.5	86.2	20.9	62.9	(51)
2,950	3,530	71.2	85.6	24.4	61.1	(52)
380	480	78.6	85.8	17.0	54.6	(53)
1,190	1,530	78.2	86.3	16.8	48.4	(54)
11,700	14,200	68.0	86.1	26.4	85.5	(55)
3,390	4,170	66.3	84.7	27.6	112.8	(56)
3,210	3,870	71.3	85.7	23.6	59.4	(57)
3,570	4,360	68.4	85.1	25.9	83.1	(58)
880	1,200	71.8	85.6	20.7	64.4	(59)
42,400	51,500	72.3	85.3	22.8	64.1	(60)
7,080	8,370	75.9	86.0	20.3	84.3	(61)
15,100	18,100	72.1	86.0	23.4	69.1	(62)

26 乳用牛

(1) 全国農業地域・都道府県別（続き）

イ 成畜飼養頭数規模別の飼養戸数

単位：戸

全国農業地域・都道府県	計	成畜飼養頭数規模									子畜のみ
		小計	1～19頭	20～29	30～49	50～79	80～99	100～199	200頭以上	300頭以上	
全国	14,400	14,000	2,890	1,880	3,500	2,870	952	1,400	561	288	320
（全国農業地域）											
北海道	5,840	5,670	437	313	1,240	1,720	641	961	357	177	173
都府県	8,520	8,380	2,450	1,570	2,260	1,140	311	434	204	111	147
東北	2,080	2,030	832	384	481	205	50	50	27	14	50
北陸	284	282	86	65	77	41	8	3	2	-	2
関東・東山	2,710	2,660	746	548	736	352	88	124	70	42	46
東海	607	602	109	91	184	102	36	54	26	16	5
近畿	434	424	120	85	114	54	20	21	10	6	10
中国	629	618	188	106	157	79	26	40	22	14	11
四国	305	302	97	59	83	35	5	15	8	5	3
九州	1,410	1,390	262	223	411	262	71	122	38	14	19
沖縄	66	65	9	8	21	14	7	5	1	-	1
（都道府県）											
北海道	5,840	5,670	437	313	1,240	1,720	641	961	357	177	173
青森	172	170	37	21	64	31	4	11	2	1	2
岩手	835	808	347	155	178	84	19	14	11	8	27
宮城	472	464	197	88	119	41	6	9	4	1	8
秋田	87	87	28	20	25	6	6	1	1	-	-
山形	214	208	81	45	36	24	8	8	6	3	6
福島	299	292	142	55	59	19	7	7	3	1	7
茨城	316	314	83	68	93	31	13	14	12	9	2
栃木	660	650	160	115	176	109	27	41	22	13	10
群馬	469	462	118	88	124	72	17	26	17	7	7
埼玉	181	175	53	47	45	17	3	8	2	1	6
千葉	522	515	156	108	136	65	18	19	13	10	7
東京	47	45	18	11	12	4	-	-	-	-	2
神奈川	171	166	59	44	52	11	-	-	-	-	5
新潟	177	175	70	39	46	15	3	1	1	-	2
富山	38	38	5	7	14	11	1	-	-	-	-
石川	47	47	7	13	10	10	4	2	1	-	-
福井	22	22	4	6	7	5	-	-	-	-	-
山梨	56	55	11	10	18	10	1	5	-	-	1
長野	288	282	88	57	80	33	9	11	4	2	6
岐阜	104	102	30	18	32	14	5	2	1	1	2
静岡	193	192	46	29	58	20	11	22	6	5	1
愛知	271	269	24	35	88	64	18	25	15	7	2
三重	39	39	9	9	6	4	2	5	4	3	-
滋賀	46	46	11	12	11	7	1	2	2	-	-
京都	47	47	3	12	17	7	2	3	3	3	-
大阪	24	23	4	1	7	9	1	1	-	-	1
兵庫	265	256	90	48	64	24	14	13	3	1	9
奈良	41	41	5	11	13	7	2	2	1	1	-
和歌山	11	11	7	1	2	-	-	-	1	1	-
鳥取	115	114	29	19	27	17	4	14	4	2	1
島根	95	94	35	13	19	9	2	8	8	6	1
岡山	227	222	64	42	59	26	14	11	6	4	5
広島	135	133	37	27	39	17	4	5	4	2	2
山口	57	55	23	5	13	10	2	2	-	-	2
徳島	87	86	29	22	20	11	1	1	2	1	1
香川	67	67	19	11	21	9	-	3	4	2	-
愛媛	100	98	36	18	27	8	2	6	1	1	2
高知	51	51	13	8	15	7	2	5	1	1	-
福岡	198	197	34	35	66	35	10	16	1	-	1
佐賀	41	40	14	9	8	4	1	3	1	1	1
長崎	146	145	41	33	35	23	4	7	2	-	1
熊本	519	510	81	65	155	95	35	58	21	6	9
大分	109	106	21	14	24	22	7	14	4	2	3
宮崎	229	228	49	44	78	38	7	7	5	3	1
鹿児島	166	163	22	23	45	45	7	17	4	2	3
沖縄	66	65	9	8	21	14	7	5	1	-	1
関東農政局	2,900	2,860	792	577	794	372	99	146	76	47	47
東海農政局	414	410	63	62	126	82	25	32	20	11	4
中国四国農政局	934	920	285	165	240	114	31	55	30	19	14

ウ 成畜飼養頭数規模別の飼養頭数

単位：頭

全国農業地域・都道府県	計	成畜飼養頭数規模									子畜のみ
		小計	1～19頭	20～29	30～49	50～79	80～99	100～199	200頭以上	300頭以上	
全　　　　国	1,352,000	1,339,000	62,900	70,200	206,200	269,600	128,500	279,000	322,300	228,400	13,700
（全国農業地域）											
北　海　道	820,900	808,700	25,900	18,400	90,400	176,300	92,000	202,200	203,600	138,400	12,200
都　府　県	531,400	529,900	37,000	51,800	115,800	93,300	36,500	76,900	118,600	90,000	1,520
東　　　北	99,200	98,700	11,900	12,500	25,400	17,700	5,910	8,270	17,000	13,400	530
北　　　陸	12,400	12,400	1,180	1,960	3,780	3,070	1,040	660	x	-	x
関東・東山	172,400	172,100	11,400	17,300	37,900	28,200	10,500	22,200	44,500	35,500	350
東　　　海	48,500	48,400	2,110	4,000	8,700	7,780	3,980	8,970	12,900	9,920	60
近　　　畿	24,600	24,500	1,710	2,720	5,500	4,150	2,320	3,580	4,570	3,360	110
中　　　国	47,600	47,400	3,060	3,640	7,820	6,190	3,010	7,770	15,900	13,500	160
四　　　国	16,900	16,900	1,400	1,680	3,920	2,640	570	2,530	4,120	3,290	90
九　　　州	105,500	105,300	4,140	7,460	21,800	22,500	8,490	22,200	18,800	11,100	200
沖　　　縄	4,250	4,250	90	590	950	1,010	730	670	x	-	x
（都道府県）											
北　海　道	820,900	808,700	25,900	18,400	90,400	176,300	92,000	202,200	203,600	138,400	12,200
青　　　森	11,800	11,800	510	690	3,950	2,380	450	1,810	x	x	x
岩　　　手	41,600	41,300	5,290	5,280	9,580	7,820	2,490	2,460	8,340	7,440	310
宮　　　城	18,500	18,400	2,710	2,820	6,120	3,340	690	1,410	1,310	x	60
秋　　　田	3,960	3,960	450	640	1,310	470	660	x	x	-	-
山　　　形	11,400	11,400	1,000	1,300	1,590	1,690	830	1,220	3,780	3,030	20
福　　　島	12,000	11,900	1,970	1,730	2,860	2,040	780	1,150	1,320	x	130
茨　　　城	24,300	24,300	1,290	2,100	4,740	2,510	1,670	2,690	9,270	8,390	x
栃　　　木	52,100	52,000	2,440	3,590	9,960	8,610	3,150	7,420	16,800	14,000	180
群　　　馬	33,900	33,900	1,570	2,830	6,180	6,140	1,930	4,580	10,700	7,350	30
埼　　　玉	8,270	8,240	660	1,610	2,190	1,210	370	1,410	x	x	30
千　　　葉	28,600	28,600	2,680	3,370	6,690	5,220	2,170	3,130	5,310	4,520	30
東　　　京	1,520	1,520	310	350	530	320	-	-	-	-	x
神　奈　川	5,380	5,360	770	1,360	2,460	770	-	-	-	-	20
新　　　潟	6,220	6,210	970	1,150	2,070	1,130	340	x	x	-	x
富　　　山	1,940	1,940	60	180	660	780	x	-	-	-	-
石　　　川	3,180	3,180	110	460	590	810	450	x	x	-	-
福　　　井	1,020	1,020	50	170	460	340	-	-	-	-	-
山　　　梨	3,480	3,470	290	310	900	780	x	1,070	-	-	x
長　　　野	14,800	14,800	1,350	1,790	4,300	2,640	1,070	1,940	1,670	x	40
岐　　　阜	5,510	5,500	360	1,240	1,460	1,080	650	x	x	x	x
静　　　岡	13,600	13,600	730	1,400	2,770	1,570	1,130	3,600	2,390	2,140	x
愛　　　知	22,600	22,600	860	1,100	4,260	4,810	1,970	4,290	5,270	2,870	x
三　　　重	6,750	6,750	160	260	210	320	x	820	4,750	4,460	x
滋　　　賀	2,700	2,700	200	360	580	490	x	x	x	-	-
京　　　都	3,950	3,950	60	380	840	500	x	470	1,480	1,480	-
大　　　阪	1,230	1,190	40	x	280	590	-	-	-	-	x
兵　　　庫	13,200	13,100	1,210	1,610	3,120	2,080	1,700	2,250	1,120	x	80
奈　　　良	3,040	3,040	110	320	620	490	x	x	x	x	-
和　歌　山	570	570	90	x	x	-	-	-	x	x	-
鳥　　　取	8,950	8,940	380	610	1,370	1,380	490	2,880	1,840	x	x
島　　　根	10,600	10,600	450	400	960	620	x	1,380	6,550	5,930	x
岡　　　山	16,800	16,700	1,370	1,590	2,910	2,090	1,660	2,040	5,100	4,590	50
広　　　島	8,680	8,680	580	870	1,940	1,350	430	1,060	2,450	x	x
山　　　口	2,620	2,520	290	160	650	760	x	x	-	-	x
徳　　　島	4,020	3,960	330	610	920	840	x	x	x	x	x
香　　　川	4,760	4,760	310	290	1,020	620	-	630	1,890	x	-
愛　　　媛	4,970	4,930	610	550	1,280	620	x	990	x	x	x
高　　　知	3,210	3,210	150	230	700	560	x	800	x	x	x
福　　　岡	12,100	12,100	580	1,130	3,720	2,850	1,200	2,330	x	-	x
佐　　　賀	2,240	2,230	200	290	390	320	x	540	x	x	x
長　　　崎	7,070	7,060	560	1,000	1,650	1,790	400	980	x	x	x
熊　　　本	44,400	44,300	1,330	2,190	8,480	8,500	4,330	11,000	8,450	3,570	60
大　　　分	12,300	12,200	350	670	1,320	1,890	840	2,450	4,710	x	90
宮　　　崎	13,600	13,600	720	1,280	3,830	3,170	740	1,850	1,970	1,380	x
鹿　児　島	13,800	13,800	400	900	2,430	3,940	900	3,000	2,240	x	10
沖　　　縄	4,250	4,250	90	590	950	1,010	730	670	x	-	x
関 東 農 政 局	186,000	185,600	12,100	18,700	40,700	29,800	11,600	25,800	46,900	37,700	370
東 海 農 政 局	34,900	34,800	1,380	2,610	5,930	6,210	2,850	5,370	10,500	7,780	50
中国四国農政局	64,500	64,300	4,460	5,320	11,700	8,830	3,580	10,300	20,100	16,800	250

注：飼養者が飼養している全ての乳用牛（成畜及び子畜）の頭数である。

(1) 全国農業地域・都道府県別（続き）

エ 成畜飼養頭数規模別の成畜飼養頭数

単位：頭

全国農業地域・都道府県	計	成 畜 飼 養 頭 数 規 模							
		1〜19頭	20〜29	30〜49	50〜79	80〜99	100〜199	200頭以上	300頭以上
全　　　国	900,300	30,000	46,400	137,400	179,200	85,000	188,200	234,200	168,400
（全国農業地域）									
北　海　道	495,400	3,750	7,810	50,000	108,600	57,100	129,900	138,200	95,000
都　府　県	404,900	26,200	38,600	87,400	70,600	27,800	58,300	95,900	73,400
東　　　北	72,500	8,620	9,450	18,400	12,500	4,430	6,620	12,400	9,420
北　　　陸	9,580	970	1,610	2,860	2,440	710	480	x	－
関 東・東 山	132,700	8,100	13,400	28,300	21,600	7,830	16,700	36,800	30,100
東　　　海	38,700	1,230	2,270	7,040	6,260	3,270	7,550	11,100	8,630
近　　　畿	19,500	1,220	2,080	4,300	3,280	1,810	2,810	4,020	2,970
中　　　国	35,900	2,030	2,620	6,090	4,770	2,320	5,600	12,500	10,600
四　　　国	13,500	1,050	1,410	3,160	2,120	440	1,860	3,480	2,690
九　　　州	79,100	2,930	5,550	16,500	16,700	6,440	16,100	14,900	8,990
沖　　　縄	3,370	80	200	830	890	610	570	x	－
（都道府県）									
北　海　道	495,400	3,750	7,810	50,000	108,600	57,100	129,900	138,200	95,000
青　　　森	9,180	410	530	2,550	1,870	360	1,530	x	x
岩　　　手	27,800	3,420	3,820	6,790	5,310	1,690	1,820	4,940	4,290
宮　　　城	14,000	2,050	2,180	4,510	2,470	540	1,060	1,150	x
秋　　　田	3,130	380	500	960	360	530	x	x	－
山　　　形	9,470	800	1,090	1,370	1,400	700	1,020	3,090	2,390
福　　　島	8,940	1,560	1,330	2,230	1,130	600	1,000	1,110	x
茨　　　城	19,800	1,010	1,630	3,660	1,910	1,190	2,030	8,370	7,730
栃　　　木	40,600	1,770	2,840	6,920	6,710	2,440	5,430	14,400	12,300
群　　　馬	24,800	1,210	2,190	4,710	4,430	1,490	3,410	7,370	4,930
埼　　　玉	6,260	510	1,150	1,710	970	260	1,080	x	x
千　　　葉	22,300	1,630	2,630	5,270	4,000	1,590	2,490	4,730	4,040
東　　　京	1,160	240	260	410	250	－	－	－	－
神　奈　川	4,240	600	1,080	1,930	640	－	－	－	－
新　　　潟	4,960	800	960	1,680	880	270	x	x	－
富　　　山	1,490	50	170	520	660	x	－	－	－
石　　　川	2,390	80	340	400	610	350	x	x	－
福　　　井	740	40	150	260	290	－	－	－	－
山　　　梨	2,560	140	250	690	610	x	790	－	－
長　　　野	11,000	1,000	1,380	3,000	2,030	780	1,500	1,290	x
岐　　　阜	3,810	300	430	1,220	840	450	x	x	x
静　　　岡	10,900	580	730	2,220	1,180	980	3,040	2,210	1,980
愛　　　知	18,300	250	870	3,410	3,990	1,650	3,610	4,570	2,620
三　　　重	5,620	100	230	200	260	x	710	3,950	3,670
滋　　　賀	2,060	110	290	440	380	x	x	x	－
京　　　都	3,120	40	280	620	400	x	380	1,220	1,220
大　　　阪	1,100	40	x	260	540	x	x	－	－
兵　　　庫	9,970	920	1,190	2,380	1,520	1,290	1,720	970	x
奈　　　良	2,730	50	280	550	440	x	x	x	x
和　歌　山	530	70	x	x	－	－	－	x	x
鳥　　　取	6,570	310	470	1,040	1,070	360	2,060	1,280	x
島　　　根	8,210	360	320	740	490	x	1,000	5,120	4,530
岡　　　山	12,900	750	1,030	2,290	1,540	1,260	1,510	4,500	4,060
広　　　島	6,280	390	680	1,500	1,050	340	720	1,600	x
山　　　口	2,000	230	120	530	630	x	x	－	－
徳　　　島	3,250	310	540	750	680	x	x	x	x
香　　　川	3,970	250	260	860	510	－	410	1,680	x
愛　　　媛	3,750	390	420	1,010	520	x	710	x	x
高　　　知	2,540	110	200	530	410	x	620	x	x
福　　　岡	9,190	440	860	2,710	2,180	900	1,850	x	－
佐　　　賀	1,850	170	230	290	230	x	470	x	x
長　　　崎	5,870	480	820	1,380	1,470	350	850	x	x
熊　　　本	32,700	870	1,640	6,210	6,220	3,220	7,890	6,650	2,920
大　　　分	8,930	160	330	980	1,410	620	1,810	3,610	x
宮　　　崎	10,300	580	1,090	3,100	2,400	620	1,030	1,530	1,090
鹿　児　島	10,200	230	580	1,790	2,790	650	2,210	1,990	x
沖　　　縄	3,370	80	200	830	890	610	570	x	－
関 東 農 政 局	143,600	8,680	14,100	30,500	22,700	8,810	19,800	39,000	32,100
東 海 農 政 局	27,800	650	1,540	4,820	5,080	2,290	4,520	8,890	6,650
中国四国農政局	49,400	3,090	4,030	9,250	6,890	2,750	7,460	16,000	13,300

才　年齢別飼養頭数

単位：頭

全国農業地域・都道府県	計	1歳未満	1歳	2歳	3～8歳	9歳以上
全　　　国	1,352,000	253,300	241,300	225,400	603,000	29,300
(全国農業地域)						
北　海　道	820,900	177,200	171,900	131,300	326,100	14,400
都　府　県	,531,400	76,100	69,400	94,200	276,900	14,900
東　　　北	99,200	15,500	14,400	17,000	49,400	2,890
北　　　陸	12,400	1,690	1,440	1,910	6,840	480
関 東・東 山	172,400	24,500	21,300	31,000	91,000	4,560
東　　　海	48,500	6,120	5,240	9,510	26,500	1,090
近　　　畿	24,600	3,460	2,520	4,660	13,300	760
中　　　国	47,600	7,030	6,320	9,220	23,900	1,110
四　　　国	16,900	2,160	1,850	2,800	9,370	760
九　　　州	105,500	15,100	15,800	17,300	54,300	3,060
沖　　　縄	4,250	490	530	770	2,290	170
(都道府県)						
北　海　道	820,900	177,200	171,900	131,300	326,100	14,400
青　　　森	11,800	1,570	1,580	2,510	6,000	170
岩　　　手	41,600	7,350	7,680	6,810	19,000	790
宮　　　城	18,500	2,580	2,400	3,140	9,770	570
秋　　　田	3,960	530	440	650	2,190	140
山　　　形	11,400	1,330	1,070	2,180	6,190	680
福　　　島	12,000	2,180	1,220	1,700	6,340	540
茨　　　城	24,300	3,230	2,280	4,390	13,800	580
栃　　　木	52,100	6,790	6,850	9,750	27,300	1,420
群　　　馬	33,900	5,650	4,490	6,030	16,900	860
埼　　　玉	8,270	1,120	1,150	1,230	4,460	310
千　　　葉	28,600	3,800	3,330	5,420	15,300	730
東　　　京	1,520	280	140	280	780	40
神　奈　川	5,380	840	500	830	3,020	190
新　　　潟	6,220	790	660	1,010	3,520	230
富　　　山	1,940	270	240	270	1,070	80
石　　　川	3,180	460	400	440	1,740	140
福　　　井	1,020	170	140	190	500	20
山　　　梨	3,480	550	490	610	1,750	80
長　　　野	14,800	2,270	2,070	2,470	7,630	360
岐　　　阜	5,510	900	970	860	2,660	120
静　　　岡	13,600	1,630	1,560	2,600	7,440	370
愛　　　知	22,600	2,860	1,980	4,510	12,700	530
三　　　重	6,750	730	720	1,530	3,690	70
滋　　　賀	2,700	380	350	440	1,470	70
京　　　都	3,950	630	350	850	2,070	60
大　　　阪	1,230	110	50	170	840	60
兵　　　庫	13,200	2,150	1,490	2,490	6,590	430
奈　　　良	3,040	170	240	580	1,940	120
和　歌　山	570	20	40	140	350	20
鳥　　　取	8,950	1,790	860	1,730	4,460	120
島　　　根	10,600	1,430	1,190	2,220	5,450	260
岡　　　山	16,800	2,200	2,270	3,480	8,430	420
広　　　島	8,680	1,260	1,660	1,380	4,180	200
山　　　口	2,620	350	350	410	1,400	110
徳　　　島	4,020	420	500	580	2,250	270
香　　　川	4,760	450	430	930	2,750	200
愛　　　媛	4,970	840	560	790	2,600	180
高　　　知	3,210	460	360	500	1,780	110
福　　　岡	12,100	1,780	1,630	1,900	6,380	450
佐　　　賀	2,240	260	230	450	1,200	100
長　　　崎	7,070	730	740	1,090	4,170	350
熊　　　本	44,400	6,850	7,010	7,450	22,100	930
大　　　分	12,300	1,720	2,180	2,020	6,040	360
宮　　　崎	13,600	1,870	1,850	2,170	7,160	500
鹿　児　島	13,800	1,890	2,130	2,220	7,200	360
沖　　　縄	4,250	490	530	770	2,290	170
関 東 農 政 局	186,000	26,100	22,900	33,600	98,500	4,930
東 海 農 政 局	34,900	4,490	3,680	6,910	19,100	720
中国四国農政局	64,500	9,200	8,170	12,000	33,300	1,870

30 乳用牛

(1) 全国農業地域・都道府県別（続き）

カ 月別経産牛頭数

全国農業地域 都道府県		平成31年 3月	4	令和元年 5月	6	7	8
全　　　　国	(1)	837,000	838,900	841,200	844,000	846,100	844,900
（全国農業地域）							
北　海　道	(2)	458,400	459,800	462,000	464,100	465,700	465,900
都　府　県	(3)	378,700	379,100	379,200	379,900	380,400	379,000
東　　　北	(4)	67,600	67,800	67,600	67,700	67,900	67,700
北　　　陸	(5)	9,090	9,080	9,050	9,110	9,040	8,970
関東・東山	(6)	124,000	124,200	124,400	124,500	124,500	123,700
東　　　海	(7)	36,700	36,800	36,700	36,900	37,000	36,800
近　　　畿	(8)	18,400	18,300	18,400	18,500	18,500	18,500
中　　　国	(9)	33,600	33,700	33,800	33,900	34,200	34,300
四　　　国	(10)	12,800	12,800	12,700	12,800	12,800	12,600
九　　　州	(11)	73,300	73,400	73,400	73,400	73,400	73,200
沖　　　縄	(12)	3,030	3,050	3,060	3,070	3,120	3,110
（都道府県）							
北　海　道	(13)	458,400	459,800	462,000	464,100	465,700	465,900
青　　　森	(14)	8,550	8,540	8,490	8,460	8,510	8,520
岩　　　手	(15)	25,700	25,800	25,700	25,800	25,800	25,700
宮　　　城	(16)	13,100	13,100	13,000	13,100	13,100	13,000
秋　　　田	(17)	2,950	2,950	2,920	2,920	2,890	2,870
山　　　形	(18)	8,910	8,970	9,010	9,080	9,210	9,210
福　　　島	(19)	8,460	8,470	8,450	8,460	8,450	8,410
茨　　　城	(20)	18,600	18,700	18,700	18,800	18,800	18,700
栃　　　木	(21)	37,600	37,800	37,900	38,000	38,000	37,800
群　　　馬	(22)	23,200	23,200	23,200	23,100	23,100	23,000
埼　　　玉	(23)	5,870	5,840	5,880	5,850	5,830	5,800
千　　　葉	(24)	21,000	21,000	21,100	21,200	21,100	21,000
東　　　京	(25)	1,090	1,090	1,100	1,100	1,100	1,100
神　奈　川	(26)	4,010	4,000	4,040	3,990	3,950	3,920
新　　　潟	(27)	4,670	4,670	4,660	4,680	4,630	4,590
富　　　山	(28)	1,410	1,400	1,390	1,410	1,400	1,390
石　　　川	(29)	2,310	2,310	2,310	2,310	2,310	2,280
福　　　井	(30)	700	700	700	710	710	710
山　　　梨	(31)	2,370	2,380	2,360	2,390	2,400	2,390
長　　　野	(32)	10,200	10,200	10,200	10,100	10,200	10,100
岐　　　阜	(33)	3,650	3,630	3,610	3,580	3,600	3,600
静　　　岡	(34)	10,300	10,300	10,300	10,300	10,300	10,300
愛　　　知	(35)	17,400	17,400	17,400	17,400	17,500	17,400
三　　　重	(36)	5,390	5,420	5,420	5,510	5,560	5,550
滋　　　賀	(37)	1,950	1,950	1,980	1,990	2,000	2,010
京　　　都	(38)	2,930	2,940	2,980	3,010	3,000	3,040
大　　　阪	(39)	1,070	1,070	1,050	1,050	1,050	1,030
兵　　　庫	(40)	9,280	9,250	9,240	9,250	9,270	9,260
奈　　　良	(41)	2,620	2,620	2,660	2,670	2,680	2,640
和　歌　山	(42)	520	520	520	510	520	520
鳥　　　取	(43)	6,200	6,190	6,170	6,170	6,170	6,190
島　　　根	(44)	7,700	7,690	7,740	7,840	7,990	8,000
岡　　　山	(45)	12,000	12,100	12,200	12,200	12,400	12,400
広　　　島	(46)	5,820	5,820	5,800	5,780	5,790	5,800
山　　　口	(47)	1,910	1,910	1,890	1,880	1,880	1,900
徳　　　島	(48)	3,090	3,070	3,050	3,050	3,020	2,980
香　　　川	(49)	3,740	3,760	3,770	3,820	3,840	3,820
愛　　　媛	(50)	3,560	3,540	3,540	3,550	3,540	3,500
高　　　知	(51)	2,430	2,390	2,380	2,380	2,350	2,340
福　　　岡	(52)	8,610	8,610	8,570	8,550	8,570	8,540
佐　　　賀	(53)	1,770	1,760	1,770	1,770	1,760	1,730
長　　　崎	(54)	5,500	5,530	5,550	5,540	5,530	5,530
熊　　　本	(55)	30,100	30,200	30,300	30,300	30,400	30,400
大　　　分	(56)	8,150	8,150	8,160	8,210	8,230	8,190
宮　　　崎	(57)	9,700	9,690	9,710	9,740	9,750	9,670
鹿　児　島	(58)	9,490	9,440	9,360	9,300	9,220	9,180
沖　　　縄	(59)	3,030	3,050	3,060	3,070	3,120	3,110
関東農政局	(60)	134,300	134,500	134,700	134,900	134,800	134,100
東海農政局	(61)	26,400	26,500	26,400	26,500	26,600	26,500
中国四国農政局	(62)	46,400	46,500	46,500	46,700	47,000	46,900

注：各月の1日現在における頭数である。

単位：頭

9	10	11	12	令和2年 1月	2	
843,500	840,200	836,700	836,100	837,200	838,900	(1)
466,300	465,300	463,300	462,800	463,100	459,800	(2)
377,200	375,000	373,400	373,300	374,000	379,100	(3)
67,600	67,400	67,200	67,200	67,600	67,800	(4)
8,860	8,780	8,750	8,740	8,770	9,080	(5)
122,800	121,900	121,200	121,000	121,000	124,200	(6)
36,400	36,100	36,000	35,900	35,800	36,800	(7)
18,300	18,200	18,100	18,100	18,100	18,300	(8)
34,300	34,300	34,300	34,400	34,700	33,700	(9)
12,600	12,400	12,400	12,300	12,400	12,800	(10)
73,200	72,800	72,500	72,700	72,700	73,400	(11)
3,080	3,040	3,000	2,970	2,940	3,050	(12)
466,300	465,300	463,300	462,800	463,100	459,800	(13)
8,540	8,540	8,560	8,580	8,670	8,540	(14)
25,600	25,500	25,500	25,400	25,400	25,800	(15)
13,000	13,000	12,900	12,900	13,000	13,100	(16)
2,850	2,810	2,800	2,810	2,820	2,950	(17)
9,240	9,170	9,140	9,200	9,350	8,970	(18)
8,390	8,380	8,340	8,320	8,360	8,470	(19)
18,600	18,400	18,200	18,200	18,200	18,700	(20)
37,600	37,500	37,300	37,200	37,200	37,800	(21)
22,800	22,700	22,700	22,600	22,700	23,200	(22)
5,670	5,600	5,550	5,620	5,580	5,840	(23)
20,600	20,300	20,200	20,200	20,100	21,000	(24)
1,090	1,080	1,080	1,070	1,090	1,090	(25)
3,860	3,830	3,820	3,820	3,820	4,000	(26)
4,540	4,480	4,460	4,470	4,490	4,670	(27)
1,370	1,370	1,360	1,350	1,360	1,400	(28)
2,250	2,240	2,240	2,220	2,220	2,310	(29)
700	700	690	700	700	700	(30)
2,410	2,400	2,400	2,390	2,400	2,380	(31)
10,200	10,100	9,940	9,880	9,900	10,200	(32)
3,550	3,510	3,480	3,460	3,470	3,630	(33)
10,300	10,200	10,200	10,200	10,200	10,300	(34)
17,200	17,000	16,900	16,900	16,800	17,400	(35)
5,480	5,430	5,400	5,380	5,360	5,420	(36)
1,980	1,960	1,960	1,960	1,970	1,950	(37)
3,030	3,040	3,060	3,300	3,040	2,940	(38)
1,010	1,020	1,010	1,020	1,020	1,070	(39)
9,180	9,130	9,040	9,000	8,970	9,250	(40)
2,590	2,570	2,540	2,530	2,550	2,620	(41)
520	520	520	530	530	520	(42)
6,230	6,200	6,180	6,160	6,180	6,190	(43)
7,960	7,970	7,920	8,010	8,150	7,690	(44)
12,400	12,400	12,600	12,700	12,700	12,100	(45)
5,790	5,780	5,740	5,730	5,730	5,820	(46)
1,900	1,890	1,880	1,880	1,890	1,910	(47)
2,930	2,880	2,840	2,840	2,850	3,070	(48)
3,810	3,780	3,750	3,740	3,760	3,760	(49)
3,480	3,470	3,460	3,450	3,440	3,540	(50)
2,350	2,320	2,310	2,280	2,300	2,390	(51)
8,510	8,430	8,360	8,360	8,370	8,610	(52)
1,730	1,710	1,730	1,750	1,750	1,760	(53)
5,500	5,440	5,420	5,390	5,380	5,530	(54)
30,400	30,300	30,300	30,400	30,400	30,200	(55)
8,190	8,140	8,110	8,130	8,160	8,150	(56)
9,690	9,670	9,610	9,660	9,680	9,690	(57)
9,180	9,130	9,070	9,010	8,980	9,440	(58)
3,080	3,040	3,000	2,970	2,940	3,050	(59)
133,100	132,100	131,400	131,200	131,200	134,500	(60)
26,200	25,900	25,800	25,700	25,700	26,500	(61)
46,900	46,700	46,600	46,700	47,000	46,500	(62)

32 乳用牛

(1) 全国農業地域・都道府県別（続き）

キ　月別出生頭数（乳用種めす）

全国農業地域・都道府県		計	平成31年 2月	3	4	令和元年 5月	6
全　　　国	(1)	276,900	20,100	22,300	20,400	20,700	22,300
（全国農業地域）							
北　海　道	(2)	188,000	13,300	15,600	15,600	15,900	15,900
都　府　県	(3)	89,000	6,880	6,670	4,820	4,870	6,400
東　　　北	(4)	17,900	1,370	1,330	1,130	1,250	1,500
北　　　陸	(5)	2,020	150	130	120	110	150
関東・東山	(6)	29,600	2,240	2,310	1,550	1,630	2,030
東　　　海	(7)	7,440	610	580	430	390	500
近　　　畿	(8)	4,690	360	360	250	240	310
中　　　国	(9)	7,960	590	580	420	430	670
四　　　国	(10)	2,520	200	160	100	110	160
九　　　州	(11)	16,200	1,310	1,170	780	680	1,000
沖　　　縄	(12)	590	60	40	50	40	80
（都道府県）							
北　海　道	(13)	188,000	13,300	15,600	15,600	15,900	15,900
青　　　森	(14)	2,080	160	140	140	140	180
岩　　　手	(15)	7,930	610	630	540	600	690
宮　　　城	(16)	3,030	240	220	180	180	250
秋　　　田	(17)	690	50	60	50	50	60
山　　　形	(18)	1,570	120	120	100	110	140
福　　　島	(19)	2,650	200	170	140	160	190
茨　　　城	(20)	4,060	290	270	170	190	250
栃　　　木	(21)	8,180	610	610	430	490	590
群　　　馬	(22)	6,340	450	510	350	380	450
埼　　　玉	(23)	1,210	80	100	40	50	100
千　　　葉	(24)	5,220	460	440	320	260	330
東　　　京	(25)	350	30	20	20	20	20
神　奈　川	(26)	1,060	90	90	50	30	60
新　　　潟	(27)	1,010	80	70	70	50	80
富　　　山	(28)	310	20	20	20	20	20
石　　　川	(29)	490	40	20	30	30	40
福　　　井	(30)	210	20	20	10	10	10
山　　　梨	(31)	650	30	60	50	50	60
長　　　野	(32)	2,560	210	210	130	160	170
岐　　　阜	(33)	960	90	80	50	40	70
静　　　岡	(34)	1,930	160	150	110	130	140
愛　　　知	(35)	3,660	280	270	210	170	220
三　　　重	(36)	900	80	80	50	50	70
滋　　　賀	(37)	460	30	40	20	30	20
京　　　都	(38)	870	40	50	30	40	50
大　　　阪	(39)	160	20	10	10	10	10
兵　　　庫	(40)	2,970	240	240	170	150	220
奈　　　良	(41)	230	30	20	20	10	10
和　歌　山	(42)	20	0	0	0	0	0
鳥　　　取	(43)	2,260	160	170	110	110	180
島　　　根	(44)	1,590	120	90	80	100	190
岡　　　山	(45)	2,320	180	200	110	110	160
広　　　島	(46)	1,340	100	90	90	80	110
山　　　口	(47)	450	30	40	20	30	30
徳　　　島	(48)	470	50	30	10	20	30
香　　　川	(49)	440	20	40	30	30	30
愛　　　媛	(50)	1,020	80	70	50	40	60
高　　　知	(51)	590	40	30	20	20	50
福　　　岡	(52)	1,920	140	130	100	60	120
佐　　　賀	(53)	320	30	30	10	10	30
長　　　崎	(54)	770	70	60	40	40	60
熊　　　本	(55)	7,280	630	550	370	310	440
大　　　分	(56)	1,780	140	140	100	80	100
宮　　　崎	(57)	1,960	130	140	90	100	130
鹿　児　島	(58)	2,150	180	130	80	80	120
沖　　　縄	(59)	590	60	40	50	40	80
関東農政局	(60)	31,600	2,400	2,470	1,660	1,750	2,170
東海農政局	(61)	5,510	450	430	320	260	360
中国四国農政局	(62)	10,500	790	740	510	540	830

単位：頭

7	8	9	10	11	12	令和2年 1月	
26,000	26,800	24,400	23,800	23,200	23,400	23,500	(1)
17,700	17,500	15,800	15,400	14,900	15,200	15,300	(2)
8,340	9,260	8,600	8,390	8,350	8,220	8,170	(3)
1,680	1,760	1,580	1,600	1,550	1,580	1,610	(4)
180	190	210	200	180	200	200	(5)
2,730	3,070	2,870	2,830	2,910	2,730	2,730	(6)
710	720	760	690	740	700	620	(7)
460	500	440	470	390	430	490	(8)
850	850	770	710	670	720	690	(9)
270	310	250	250	240	270	230	(10)
1,420	1,810	1,670	1,610	1,620	1,550	1,550	(11)
40	50	50	40	50	50	60	(12)
17,700	17,500	15,800	15,400	14,900	15,200	15,300	(13)
210	200	180	190	190	180	180	(14)
740	790	680	670	660	650	690	(15)
270	290	300	280	270	270	290	(16)
80	60	50	60	60	60	70	(17)
150	150	140	140	160	150	110	(18)
230	280	240	260	220	280	280	(19)
370	450	440	400	370	470	370	(20)
710	840	830	810	810	710	740	(21)
590	650	580	580	660	570	590	(22)
110	130	110	120	150	100	120	(23)
520	520	480	490	480	480	450	(24)
30	40	40	30	40	40	30	(25)
90	100	110	110	100	120	120	(26)
90	90	100	100	90	100	100	(27)
30	30	40	30	30	30	20	(28)
50	50	50	50	40	50	50	(29)
10	20	20	20	20	20	30	(30)
50	60	60	60	70	50	50	(31)
260	270	230	230	240	200	260	(32)
80	80	110	80	110	80	80	(33)
190	200	200	180	170	180	120	(34)
360	360	370	330	370	380	330	(35)
80	70	80	100	90	60	80	(36)
40	50	40	50	50	50	40	(37)
110	110	90	90	80	80	110	(38)
20	20	20	20	20	0	10	(39)
270	300	280	280	230	280	310	(40)
20	30	20	30	10	30	20	(41)
0	0	0	0	0	−	−	(42)
260	250	220	200	200	210	200	(43)
170	150	170	150	120	120	120	(44)
240	260	230	220	180	210	210	(45)
130	130	110	110	130	140	130	(46)
50	60	40	40	50	40	30	(47)
50	50	50	30	60	40	50	(48)
50	60	40	50	30	40	30	(49)
120	120	100	100	90	110	100	(50)
50	80	60	80	60	80	50	(51)
170	200	220	220	200	180	180	(52)
30	30	30	30	40	30	30	(53)
90	90	70	70	70	70	40	(54)
660	800	740	710	680	680	710	(55)
130	210	170	180	180	200	140	(56)
180	220	200	200	200	180	210	(57)
160	270	230	200	250	210	240	(58)
40	50	50	40	50	50	60	(59)
2,920	3,270	3,070	3,010	3,080	2,910	2,850	(60)
520	510	560	510	570	520	490	(61)
1,120	1,160	1,020	960	910	990	920	(62)

34 乳用牛

(1) 全国農業地域・都道府県別（続き）

ク 月別出生頭数（乳用種おす）

全国農業地域・都道府県		計	平成31年 2月	3	4	令和元年 5月	6
全 国	(1)	179,300	13,100	14,600	13,200	13,300	14,400
（全国農業地域）							
北 海 道	(2)	127,700	9,190	10,600	10,700	10,700	10,700
都 府 県	(3)	51,600	3,940	4,040	2,570	2,560	3,720
東 北	(4)	11,000	740	800	650	690	990
北 陸	(5)	970	100	80	60	60	80
関 東 ・ 東 山	(6)	18,700	1,350	1,450	860	910	1,360
東 海	(7)	3,120	250	250	150	110	190
近 畿	(8)	2,200	190	210	100	120	140
中 国	(9)	4,880	390	350	250	240	340
四 国	(10)	1,640	150	120	80	70	100
九 州	(11)	8,950	770	770	410	360	500
沖 縄	(12)	160	10	10	10	10	10
（都道府県）							
北 海 道	(13)	127,700	9,190	10,600	10,700	10,700	10,700
青 森	(14)	2,090	140	100	120	150	160
岩 手	(15)	4,730	320	390	300	310	480
宮 城	(16)	1,700	100	140	100	90	150
秋 田	(17)	390	30	20	20	20	30
山 形	(18)	860	50	60	40	50	80
福 島	(19)	1,230	100	100	80	70	90
茨 城	(20)	2,560	170	210	100	90	160
栃 木	(21)	6,420	450	450	280	320	510
群 馬	(22)	3,860	270	300	190	210	300
埼 玉	(23)	620	40	50	20	20	50
千 葉	(24)	3,220	240	290	160	160	190
東 京	(25)	150	20	10	10	0	20
神 奈 川	(26)	430	40	40	30	20	30
新 潟	(27)	660	60	50	40	40	60
富 山	(28)	100	10	10	10	0	10
石 川	(29)	140	10	10	10	10	10
福 井	(30)	80	10	10	0	0	10
山 梨	(31)	260	20	20	10	20	30
長 野	(32)	1,170	100	80	70	70	80
岐 阜	(33)	390	30	30	20	10	20
静 岡	(34)	890	80	90	50	40	60
愛 知	(35)	1,640	130	120	70	60	90
三 重	(36)	210	10	20	10	0	20
滋 賀	(37)	160	10	10	10	10	10
京 都	(38)	180	20	10	10	10	10
大 阪	(39)	110	10	10	10	10	10
兵 庫	(40)	1,630	130	160	70	80	120
奈 良	(41)	100	10	10	10	10	0
和 歌 山	(42)	20	0	0	0	0	0
鳥 取	(43)	1,330	100	90	60	70	110
島 根	(44)	910	80	50	50	50	80
岡 山	(45)	1,380	120	110	70	50	70
広 島	(46)	930	70	70	60	50	70
山 口	(47)	330	30	40	20	10	10
徳 島	(48)	220	40	10	10	10	10
香 川	(49)	320	20	10	20	20	30
愛 媛	(50)	750	60	60	30	30	50
高 知	(51)	350	30	30	20	20	20
福 岡	(52)	970	90	80	40	30	70
佐 賀	(53)	190	20	20	10	10	10
長 崎	(54)	460	40	50	20	10	30
熊 本	(55)	4,180	350	360	190	170	240
大 分	(56)	980	100	90	50	40	50
宮 崎	(57)	870	70	70	40	40	50
鹿 児 島	(58)	1,290	100	110	60	60	60
沖 縄	(59)	160	10	10	10	10	10
関 東 農 政 局	(60)	19,600	1,430	1,540	910	950	1,420
東 海 農 政 局	(61)	2,230	170	170	100	70	130
中国四国農政局	(62)	6,520	540	470	330	310	440

単位：頭

7	8	9	10	11	12	令和2年 1月	
17,400	17,600	16,000	15,100	14,600	15,000	14,900	(1)
12,200	11,800	10,900	10,400	10,000	10,300	10,200	(2)
5,160	5,760	5,100	4,710	4,600	4,720	4,730	(3)
1,120	1,190	1,030	880	1,020	970	920	(4)
80	100	90	100	80	80	80	(5)
1,940	2,110	1,850	1,720	1,630	1,700	1,820	(6)
300	370	320	300	290	300	290	(7)
210	210	220	200	200	190	220	(8)
510	520	510	460	420	440	450	(9)
140	180	160	160	140	140	190	(10)
840	1,060	920	880	810	860	780	(11)
20	10	10	10	20	30	0	(12)
12,200	11,800	10,900	10,400	10,000	10,300	10,200	(13)
250	250	220	130	220	210	160	(14)
420	500	420	400	420	390	390	(15)
200	180	160	150	160	150	150	(16)
40	40	40	30	40	40	40	(17)
90	90	70	80	90	80	80	(18)
130	130	120	90	100	120	110	(19)
250	290	280	250	230	260	280	(20)
740	710	660	610	490	580	640	(21)
380	490	370	340	360	310	350	(22)
70	50	60	50	70	70	60	(23)
330	370	300	260	310	310	320	(24)
10	20	10	10	20	10	10	(25)
40	40	40	40	40	30	50	(26)
50	70	50	70	60	50	50	(27)
10	10	10	10	0	10	10	(28)
10	20	10	10	20	20	10	(29)
10	10	10	10	0	10	10	(30)
30	30	20	30	20	20	20	(31)
100	110	120	120	100	120	100	(32)
40	50	50	30	40	40	30	(33)
80	90	80	80	80	90	70	(34)
170	210	170	160	150	150	170	(35)
20	20	20	30	20	20	20	(36)
20	10	20	20	10	10	20	(37)
20	20	10	20	20	10	30	(38)
10	10	10	10	10	10	10	(39)
160	160	170	140	140	150	150	(40)
10	10	10	10	10	10	10	(41)
–	0	0	0	0	0	–	(42)
150	140	120	120	130	120	130	(43)
90	90	90	80	80	90	80	(44)
150	160	150	150	110	100	140	(45)
100	100	90	90	70	90	80	(46)
30	40	50	30	30	30	20	(47)
20	10	30	30	20	20	20	(48)
40	30	30	40	30	10	40	(49)
70	90	80	70	80	80	70	(50)
20	40	30	30	20	30	50	(51)
90	110	100	100	110	100	70	(52)
10	20	30	20	20	20	20	(53)
40	50	40	50	50	40	40	(54)
400	480	410	370	380	420	410	(55)
110	130	110	110	60	80	70	(56)
80	110	80	90	80	80	80	(57)
110	170	140	150	110	140	90	(58)
20	10	10	10	20	30	0	(59)
2,020	2,200	1,930	1,800	1,700	1,790	1,890	(60)
230	270	240	220	210	200	220	(61)
650	710	670	630	560	580	630	(62)

36 乳 用 牛

(1) 全国農業地域・都道府県別（続き）

ケ 月別出生頭数（交雑種）

全 国 農 業 地 域 ・ 都 道 府 県		計	平成31年 2月	3	4	令和元年 5月	6
全　　　　　国	(1)	250,400	18,200	19,300	17,000	16,500	18,100
(全国農業地域)							
北　海　道	(2)	99,700	6,890	7,660	7,860	8,020	7,880
都　府　県	(3)	150,700	11,400	11,600	9,190	8,500	10,200
東　　　北	(4)	22,100	1,600	1,760	1,490	1,530	1,770
北　　　陸	(5)	3,500	240	250	240	170	230
関 東・東 山	(6)	49,300	3,770	4,050	2,980	2,710	3,430
東　　　海	(7)	19,400	1,540	1,480	1,080	1,070	1,230
近　　　畿	(8)	7,450	550	510	490	430	540
中　　　国	(9)	14,300	1,010	980	860	810	960
四　　　国	(10)	6,900	520	560	460	380	430
九　　　州	(11)	26,600	2,030	1,960	1,510	1,320	1,550
沖　　　縄	(12)	1,120	100	80	90	70	90
(都道府県)							
北　海　道	(13)	99,700	6,890	7,660	7,860	8,020	7,880
青　　　森	(14)	2,930	220	240	190	220	220
岩　　　手	(15)	6,360	450	500	470	460	520
宮　　　城	(16)	4,190	300	270	260	280	350
秋　　　田	(17)	1,010	60	80	70	70	70
山　　　形	(18)	4,130	330	390	300	280	360
福　　　島	(19)	3,520	240	270	200	230	250
茨　　　城	(20)	7,500	550	530	300	330	470
栃　　　木	(21)	13,900	1,170	1,210	890	820	1,040
群　　　馬	(22)	8,940	660	690	550	500	640
埼　　　玉	(23)	2,460	210	200	150	120	160
千　　　葉	(24)	9,850	700	860	640	550	680
東　　　京	(25)	390	30	30	10	20	20
神　奈　川	(26)	1,540	130	130	100	90	90
新　　　潟	(27)	2,020	140	150	150	110	140
富　　　山	(28)	480	40	30	30	20	30
石　　　川	(29)	820	50	60	40	30	60
福　　　井	(30)	170	20	10	20	10	10
山　　　梨	(31)	970	70	70	70	70	60
長　　　野	(32)	3,740	250	330	280	210	270
岐　　　阜	(33)	1,320	90	100	70	60	80
静　　　岡	(34)	5,300	410	380	340	310	350
愛　　　知	(35)	9,130	740	690	490	470	550
三　　　重	(36)	3,660	300	320	190	230	260
滋　　　賀	(37)	940	50	80	40	50	60
京　　　都	(38)	970	70	50	90	90	80
大　　　阪	(39)	580	60	40	40	30	40
兵　　　庫	(40)	3,280	240	230	190	160	220
奈　　　良	(41)	1,290	110	90	120	90	120
和　歌　山	(42)	390	40	30	20	10	30
鳥　　　取	(43)	2,310	170	150	90	130	150
島　　　根	(44)	3,240	230	230	210	170	240
岡　　　山	(45)	5,940	400	410	370	320	400
広　　　島	(46)	2,100	160	140	130	160	130
山　　　口	(47)	740	50	40	50	30	50
徳　　　島	(48)	1,760	130	140	120	100	100
香　　　川	(49)	3,010	220	280	180	170	190
愛　　　媛	(50)	1,260	90	90	90	70	100
高　　　知	(51)	870	70	60	60	40	60
福　　　岡	(52)	3,160	250	260	170	160	210
佐　　　賀	(53)	700	60	60	50	30	30
長　　　崎	(54)	3,050	240	210	190	150	190
熊　　　本	(55)	10,100	710	730	550	490	590
大　　　分	(56)	2,630	200	180	140	130	160
宮　　　崎	(57)	3,270	240	230	200	210	170
鹿　児　島	(58)	3,690	330	300	210	160	200
沖　　　縄	(59)	1,120	100	80	90	70	90
関 東 農 政 局	(60)	54,600	4,180	4,430	3,310	3,030	3,780
東 海 農 政 局	(61)	14,100	1,130	1,100	750	750	880
中国四国農政局	(62)	21,200	1,530	1,540	1,310	1,190	1,390

単位：頭

7	8	9	10	11	12	令和2年 1月	
22,700	23,800	22,300	22,900	22,500	23,900	23,200	(1)
9,090	9,030	8,530	8,550	8,270	9,060	8,870	(2)
13,600	14,800	13,800	14,300	14,200	14,800	14,300	(3)
1,980	2,040	1,920	1,930	2,030	2,110	1,970	(4)
340	360	320	330	340	360	340	(5)
4,480	4,760	4,520	4,690	4,510	4,740	4,680	(6)
1,780	1,980	1,770	1,860	1,890	1,840	1,890	(7)
700	690	700	690	690	720	740	(8)
1,360	1,480	1,210	1,360	1,360	1,500	1,440	(9)
680	700	640	680	640	650	550	(10)
2,200	2,680	2,590	2,680	2,690	2,760	2,600	(11)
70	110	100	110	80	130	90	(12)
9,090	9,030	8,530	8,550	8,270	9,060	8,870	(13)
270	250	300	260	260	260	230	(14)
540	580	490	590	600	590	570	(15)
420	390	370	350	390	430	380	(16)
100	80	90	110	110	80	100	(17)
340	380	320	350	350	410	330	(18)
320	370	350	290	330	340	350	(19)
750	890	760	790	710	740	680	(20)
1,280	1,300	1,190	1,200	1,180	1,360	1,310	(21)
820	830	790	910	830	870	850	(22)
200	220	240	260	240	230	230	(23)
840	930	910	940	930	920	940	(24)
30	40	40	40	50	40	50	(25)
130	110	130	170	170	130	170	(26)
190	190	190	180	200	200	190	(27)
50	50	40	60	40	60	50	(28)
80	100	70	70	80	90	90	(29)
10	20	10	20	20	20	10	(30)
90	100	80	90	90	100	80	(31)
340	340	380	290	310	350	380	(32)
130	130	130	130	130	130	150	(33)
440	550	490	480	500	470	580	(34)
840	950	800	900	940	920	840	(35)
360	350	350	340	320	330	320	(36)
110	100	90	100	90	100	80	(37)
110	70	100	110	60	80	80	(38)
60	50	60	50	60	50	60	(39)
270	340	330	310	310	330	350	(40)
120	90	100	80	130	110	140	(41)
30	40	30	40	40	50	40	(42)
220	240	200	220	210	280	260	(43)
310	290	250	300	320	350	350	(44)
580	660	500	560	570	610	560	(45)
200	220	190	200	180	190	200	(46)
50	80	80	80	80	80	70	(47)
200	160	160	200	160	190	110	(48)
300	330	270	290	270	260	260	(49)
120	110	120	120	130	110	110	(50)
70	100	90	70	80	90	80	(51)
280	290	310	270	300	330	340	(52)
50	60	60	60	70	70	90	(53)
270	350	280	300	280	290	300	(54)
850	1,010	990	1,020	1,050	1,140	960	(55)
240	250	260	280	250	280	260	(56)
260	370	330	340	320	300	300	(57)
260	350	360	410	430	340	350	(58)
70	110	100	110	80	130	90	(59)
4,920	5,310	5,010	5,170	5,000	5,210	5,260	(60)
1,330	1,430	1,280	1,380	1,390	1,370	1,310	(61)
2,040	2,190	1,850	2,030	2,000	2,150	2,000	(62)

38 乳 用 牛

(2) 乳用牛飼養者の飼料作物作付実面積（全国、北海道、都府県）

単位：ha

区　　分	飼 料 作 物 作 付 実 面 積
全　　　　国	477,400
北　海　道	414,900
都　府　県	62,500

2　肉　用　牛
（令和2年2月1日現在）

40 肉 用 牛

(1) 全国農業地域・都道府県別

ア 飼養戸数・頭数

全国農業地域・都道府県		飼養戸数	乳用種の戸	用いる数種	合計(4)+(29)	飼 計	肉 子取り用めす牛	肥育用牛	育成牛	黒毛和種	褐毛和種
		(1)	(2)		(3)	(4)	(5)	(6)	(7)	(8)	(9)
		戸	戸		頭	頭	頭	頭	頭	頭	頭
全 国	(1)	43,900	4,560		2,555,000	1,792,000	622,000	784,600	385,200	1,735,000	23,300
(全国農業地域)											
北 海 道	(2)	2,350	892		524,700	196,000	75,600	57,100	63,300	188,700	2,860
都 府 県	(3)	41,600	3,670		2,031,000	1,596,000	546,400	727,500	321,900	1,546,000	20,400
東 北	(4)	11,100	642		334,500	270,300	99,100	113,100	58,100	264,200	940
北 陸	(5)	343	121		21,700	11,900	2,920	7,230	1,780	11,900	－
関東・東山	(6)	2,790	952		272,400	146,200	33,600	91,100	21,500	145,200	120
東 海	(7)	1,100	402		121,800	75,900	13,500	55,100	7,290	75,700	20
近 畿	(8)	1,500	148		89,100	76,200	20,800	46,400	8,960	72,600	50
中 国	(9)	2,430	289		124,300	78,100	27,700	37,500	12,900	75,800	40
四 国	(10)	667	221		59,900	28,500	7,490	18,100	2,910	26,000	2,370
九 州	(11)	19,300	840		927,100	829,600	297,200	352,200	180,100	796,700	16,900
沖 縄	(12)	2,350	51		79,700	79,100	44,100	6,800	28,200	78,200	10
(都道府県)											
北 海 道	(13)	2,350	892		524,700	196,000	75,600	57,100	63,300	188,700	2,860
青 森	(14)	824	135		53,700	28,900	12,900	11,300	4,720	28,200	10
岩 手	(15)	4,060	178		91,100	74,100	31,300	21,300	21,500	70,400	410
宮 城	(16)	2,960	122		80,900	71,100	27,000	26,900	17,200	70,500	500
秋 田	(17)	764	64		19,400	17,800	6,600	6,880	4,330	17,100	20
山 形	(18)	630	42		40,200	38,800	7,580	28,800	2,490	38,700	0
福 島	(19)	1,850	101		49,300	39,600	13,700	17,900	7,930	39,400	0
茨 城	(20)	486	112		50,200	30,600	4,040	24,000	2,530	30,300	100
栃 木	(21)	841	204		79,800	42,200	12,800	19,900	9,460	42,200	0
群 馬	(22)	551	270		54,800	30,300	7,570	18,500	4,240	30,100	0
埼 玉	(23)	145	70		17,000	11,000	2,080	7,970	940	11,000	0
千 葉	(24)	251	142		39,600	11,300	2,540	6,530	2,210	11,200	0
東 京	(25)	22	3		630	520	160	290	70	520	－
神 奈 川	(26)	59	37		4,880	2,410	490	1,700	220	2,380	10
新 潟	(27)	191	46		12,600	5,300	1,380	3,160	760	5,290	－
富 山	(28)	30	16		3,560	2,310	740	1,250	310	2,310	－
石 川	(29)	77	39		3,400	2,960	540	1,910	510	2,950	－
福 井	(30)	45	20		2,140	1,370	250	910	200	1,370	－
山 梨	(31)	63	27		4,860	2,190	670	1,210	310	2,190	－
長 野	(32)	375	87		20,600	15,700	3,160	11,000	1,560	15,300	－
岐 阜	(33)	481	65		32,200	30,300	7,860	17,500	4,990	30,300	0
静 岡	(34)	118	67		19,200	7,400	990	5,990	420	7,300	10
愛 知	(35)	351	247		41,200	12,000	3,230	7,660	1,080	11,900	0
三 重	(36)	153	23		29,200	26,200	1,450	24,000	790	26,200	0
滋 賀	(37)	91	36		20,000	16,000	1,930	13,800	330	16,000	10
京 都	(38)	72	17		5,800	5,480	740	4,210	530	5,360	－
大 阪	(39)	9	5		760	480	60	420	0	460	10
兵 庫	(40)	1,240	53		55,700	48,000	17,100	23,500	7,420	45,300	40
奈 良	(41)	44	24		4,230	3,830	380	3,100	350	3,000	10
和 歌 山	(42)	52	13		2,680	2,410	640	1,440	340	2,410	－
鳥 取	(43)	274	55		19,900	12,300	4,380	6,370	1,550	12,300	10
島 根	(44)	847	62		31,500	25,400	9,060	11,700	4,700	24,600	10
岡 山	(45)	411	94		33,300	14,700	5,280	7,080	2,310	14,600	0
広 島	(46)	516	43		24,900	13,800	4,640	6,740	2,380	13,800	－
山 口	(47)	384	35		14,700	12,000	4,310	5,630	2,010	10,600	10
徳 島	(48)	181	88		22,900	9,700	2,390	6,370	940	9,650	20
香 川	(49)	170	76		21,000	8,630	1,670	6,170	790	8,630	10
愛 媛	(50)	164	35		10,100	5,230	1,530	3,070	620	5,190	10
高 知	(51)	152	22		5,890	4,910	1,900	2,440	560	2,580	2,330
福 岡	(52)	198	78		22,100	14,300	2,930	10,800	540	12,900	40
佐 賀	(53)	576	31		52,300	51,300	9,710	36,500	5,030	51,300	－
長 崎	(54)	2,370	79		84,100	71,800	29,300	24,000	18,500	70,600	430
熊 本	(55)	2,350	265		132,300	104,600	39,600	40,700	24,300	85,900	16,300
大 分	(56)	1,120	83		51,200	40,000	17,200	13,600	9,140	39,800	70
宮 崎	(57)	5,360	166		244,100	222,100	82,900	84,700	54,400	212,800	60
鹿 児 島	(58)	7,330	138		341,000	325,600	115,600	141,800	68,200	323,400	10
沖 縄	(59)	2,350	51		79,700	79,100	44,100	6,800	28,200	78,200	10
関東農政局	(60)	2,910	1,020		291,600	153,600	34,500	97,100	22,000	152,500	130
東海農政局	(61)	985	335		102,700	68,500	12,500	49,100	6,860	68,400	0
中国四国農政局	(62)	3,100	510		184,200	106,600	35,200	55,600	15,900	101,900	2,410

養	頭								数	
	用					種				
		め					す			
そ゛の他	小 計	1歳未満	1歳	2歳	3歳	4～5歳	6～7歳	8～9歳	10歳以上	
(10)	(11)	(12)	(13)	(14)	(15)	(16)	(17)	(18)	(19)	
頭	頭	頭	頭	頭	頭	頭	頭	頭	頭	
33,500	1,138,000	244,600	238,500	143,800	72,300	120,600	89,700	74,900	153,300	(1)
4,430	134,800	33,000	23,200	15,500	9,580	16,300	10,100	7,520	19,600	(2)
29,100	1,003,000	211,600	215,300	128,300	62,700	104,200	79,500	67,400	133,700	(3)
5,180	181,200	37,000	38,100	24,900	11,900	21,000	15,600	10,900	21,800	(4)
20	6,030	1,430	1,530	630	450	520	340	330	810	(5)
830	70,900	16,000	17,100	9,150	4,280	6,800	4,890	3,810	8,770	(6)
190	51,800	9,390	20,600	10,700	1,930	2,730	1,920	1,630	2,970	(7)
3,570	47,400	8,720	15,300	8,700	2,200	2,980	2,090	2,050	5,380	(8)
2,270	51,600	10,900	11,100	7,010	3,220	5,270	4,080	3,500	6,570	(9)
50	17,000	3,350	5,190	2,600	910	1,330	880	790	1,960	(10)
16,000	516,600	112,700	101,500	59,600	33,500	55,100	43,500	39,100	71,600	(11)
950	60,300	12,000	4,900	5,100	4,320	8,490	6,210	5,280	13,900	(12)
4,430	134,800	33,000	23,200	15,500	9,580	16,300	10,100	7,520	19,600	(13)
750	19,300	4,010	3,660	2,300	1,480	2,690	1,690	1,260	2,240	(14)
3,240	52,900	11,200	8,570	5,500	3,950	7,020	5,000	3,800	7,940	(15)
160	41,400	9,470	6,480	4,540	2,870	5,440	4,830	2,840	4,880	(16)
730	11,000	2,350	1,860	1,150	980	1,630	1,010	660	1,360	(17)
100	30,500	4,770	12,600	8,240	910	1,100	780	710	1,430	(18)
200	26,100	5,290	4,910	3,150	1,700	3,160	2,310	1,640	3,930	(19)
110	11,900	2,780	3,720	1,730	520	810	500	470	1,410	(20)
40	22,800	5,580	3,460	2,440	1,740	2,650	2,100	1,520	3,290	(21)
130	16,500	3,530	4,430	2,250	820	1,470	1,070	900	2,030	(22)
20	3,220	540	710	420	220	340	270	200	520	(23)
70	5,520	1,360	1,280	760	340	570	390	230	590	(24)
–	450	90	170	80	20	30	20	20	40	(25)
10	1,000	210	270	170	80	80	60	40	90	(26)
10	2,600	590	500	280	260	270	200	130	370	(27)
–	1,340	310	260	150	110	130	70	100	200	(28)
0	1,320	360	430	130	60	80	40	50	180	(29)
–	780	170	340	80	30	50	30	40	50	(30)
0	1,340	310	310	160	90	160	100	90	120	(31)
450	8,110	1,650	2,760	1,140	440	690	400	340	690	(32)
0	15,400	3,370	3,750	1,870	980	1,490	1,270	1,090	1,570	(33)
90	5,370	860	2,860	930	120	200	100	100	200	(34)
60	6,450	1,520	1,280	830	480	770	420	300	850	(35)
30	24,600	3,650	12,700	7,060	350	270	130	130	350	(36)
10	11,500	1,840	5,400	2,750	430	360	180	110	410	(37)
120	2,960	510	1,260	620	70	120	100	80	200	(38)
10	290	50	150	60	10	20	10	–	0	(39)
2,600	29,000	5,630	7,070	4,530	1,570	2,330	1,670	1,750	4,490	(40)
820	2,570	430	1,250	620	50	60	50	40	90	(41)
–	1,100	270	180	140	80	100	80	70	190	(42)
10	8,930	1,700	2,570	1,720	560	870	420	370	730	(43)
860	16,600	3,620	3,350	2,140	1,140	1,650	1,440	1,280	2,020	(44)
20	10,400	2,180	2,210	1,650	600	930	680	590	1,530	(45)
10	8,630	1,880	1,820	850	500	1,000	780	670	1,140	(46)
1,380	7,070	1,510	1,180	650	420	810	760	590	1,140	(47)
30	6,160	1,170	2,140	970	280	370	250	310	670	(48)
–	4,160	870	1,270	590	230	430	220	160	390	(49)
20	3,500	650	1,070	540	190	220	170	150	520	(50)
0	3,170	660	700	490	220	310	250	170	380	(51)
1,340	5,800	1,210	1,290	750	450	600	410	300	790	(52)
10	26,300	4,870	8,940	4,270	1,220	1,790	1,380	1,210	2,680	(53)
780	47,100	9,560	8,310	5,370	3,430	5,610	4,370	3,440	7,030	(54)
2,450	66,500	15,000	12,200	7,410	5,040	7,960	5,410	4,680	8,900	(55)
80	25,900	5,710	4,150	3,120	1,860	3,180	2,410	1,990	3,470	(56)
9,240	138,100	30,300	23,600	15,200	9,240	16,600	13,500	12,900	16,800	(57)
2,110	206,900	46,200	43,000	23,500	12,300	19,400	16,100	14,600	31,900	(58)
950	60,300	12,000	4,900	5,100	4,320	8,490	6,210	5,280	13,900	(59)
920	76,200	16,900	20,000	10,100	4,400	7,000	5,000	3,900	8,970	(60)
100	46,400	8,530	17,700	9,760	1,810	2,530	1,820	1,530	2,770	(61)
2,330	68,600	14,200	16,300	9,610	4,130	6,590	4,960	4,290	8,520	(62)

42 肉 用 牛

(1) 全国農業地域・都道府県別（続き）

ア 飼養戸数・頭数（続き）

全国農業地域・都道府県	飼　養　頭　種（続き）								
	肉　用						お　　す		
	め　す（続き）								
	子取り用めす牛のうち、出産経験のある牛					小　計	1歳未満	1歳	2歳以上
	小　計	2歳以下	3歳	4歳	5歳以上				
	(20)	(21)	(22)	(23)	(24)	(25)	(26)	(27)	(28)
	頭	頭	頭	頭	頭	頭	頭	頭	頭
全　　国 (1)	558,700	56,900	68,000	63,700	370,100	654,200	270,000	278,700	105,400
（全国農業地域）									
北　海　道 (2)	70,500	8,290	9,110	8,850	44,300	61,200	34,900	19,200	7,100
都　府　県 (3)	488,200	48,600	58,900	54,800	325,900	593,000	235,200	259,500	98,300
東　　北 (4)	88,900	8,810	11,100	11,100	57,900	89,100	39,700	35,200	14,300
北　　陸 (5)	2,700	300	420	300	1,680	5,900	2,040	2,950	910
関東・東山 (6)	31,300	3,290	4,020	3,580	20,400	75,300	22,100	37,800	15,500
東　　海 (7)	12,300	1,470	1,660	1,440	7,770	24,100	8,360	11,700	4,070
近　　畿 (8)	15,900	1,630	1,960	1,690	10,600	28,800	8,530	14,400	5,820
中　　国 (9)	24,900	2,550	3,060	2,980	16,300	26,500	11,900	11,300	3,300
四　　国 (10)	6,570	800	850	790	4,130	11,500	3,790	5,670	2,010
九　　州 (11)	267,200	26,700	32,000	28,800	179,700	313,000	126,700	137,600	48,700
沖　　縄 (12)	38,300	3,050	3,760	4,140	27,400	18,800	12,100	2,930	3,810
（都道府県）									
北　海　道 (13)	70,500	8,290	9,110	8,850	44,300	61,200	34,900	19,200	7,100
青　　森 (14)	10,300	1,100	1,410	1,490	6,330	9,620	4,320	4,130	1,180
岩　　手 (15)	30,400	2,940	3,760	3,730	19,900	21,100	12,200	6,410	2,520
宮　　城 (16)	22,900	2,260	2,730	2,800	15,100	29,800	11,400	12,600	5,760
秋　　田 (17)	6,170	620	920	850	3,780	6,820	2,840	2,980	990
山　　形 (18)	5,540	820	760	590	3,370	8,310	2,800	3,750	1,760
福　　島 (19)	13,600	1,070	1,570	1,660	9,320	13,500	6,080	5,340	2,060
茨　　城 (20)	3,950	330	470	410	2,740	18,600	4,230	9,760	4,630
栃　　木 (21)	12,400	1,370	1,620	1,370	8,070	19,400	7,410	8,460	3,560
群　　馬 (22)	6,920	720	790	740	4,680	13,800	4,290	7,310	2,180
埼　　玉 (23)	1,690	180	200	180	1,140	7,770	1,240	4,400	2,130
千　　葉 (24)	2,340	270	330	330	1,420	5,760	1,970	2,670	1,120
東　　京 (25)	130	10	20	10	80	70	40	30	0
神　奈　川 (26)	400	70	70	60	210	1,400	390	720	290
新　　潟 (27)	1,350	150	240	170	800	2,700	940	1,290	470
富　　山 (28)	680	70	100	70	440	970	380	460	130
石　　川 (29)	450	60	50	40	300	1,640	540	870	230
福　　井 (30)	220	20	30	30	140	590	180	320	90
山　　梨 (31)	620	80	90	100	350	850	330	390	130
長　　野 (32)	2,810	270	430	400	1,720	7,620	2,180	4,020	1,420
岐　　阜 (33)	7,210	840	960	800	4,610	14,900	4,690	7,560	2,670
静　　岡 (34)	810	100	110	110	490	2,040	770	1,010	250
愛　　知 (35)	3,130	370	430	360	1,970	5,520	2,160	2,480	870
三　　重 (36)	1,190	160	160	170	700	1,620	730	620	270
滋　　賀 (37)	1,540	190	310	220	810	4,560	1,260	2,320	990
京　　都 (38)	640	80	70	60	440	2,530	540	1,310	670
大　　阪 (39)	40	10	10	10	20	190	40	100	40
兵　　庫 (40)	12,800	1,240	1,450	1,310	8,770	18,900	5,910	9,370	3,650
奈　　良 (41)	330	50	40	40	190	1,250	390	640	220
和　歌　山 (42)	580	60	80	60	380	1,310	390	670	260
鳥　　取 (43)	3,330	470	520	520	1,830	3,370	1,510	1,320	540
島　　根 (44)	8,320	860	1,100	930	5,430	8,800	4,040	3,710	1,050
岡　　山 (45)	4,770	500	570	530	3,170	4,300	2,270	1,490	540
広　　島 (46)	4,430	380	470	590	2,990	5,130	2,210	2,340	580
山　　口 (47)	4,030	340	400	410	2,880	4,880	1,820	2,460	600
徳　　島 (48)	2,040	210	250	230	1,360	3,540	1,140	1,780	630
香　　川 (49)	1,620	190	230	260	940	4,470	1,260	2,380	830
愛　　媛 (50)	1,390	190	180	130	910	1,730	650	810	270
高　　知 (51)	1,520	220	200	180	930	1,740	740	710	290
福　　岡 (52)	2,930	400	430	320	1,770	8,490	1,790	4,990	1,700
佐　　賀 (53)	9,180	970	1,170	1,010	6,030	24,900	6,530	13,400	4,960
長　　崎 (54)	26,300	2,640	3,300	2,970	17,400	24,700	10,600	10,200	3,910
熊　　本 (55)	35,600	3,980	4,800	4,370	22,500	38,100	17,700	15,400	5,040
大　　分 (56)	14,200	1,460	1,760	1,660	9,310	14,100	6,340	5,800	1,970
宮　　崎 (57)	77,900	9,350	8,980	8,260	51,300	84,000	33,100	37,900	13,000
鹿　児　島 (58)	101,100	7,910	11,600	10,200	71,500	118,700	50,700	49,900	18,100
沖　　縄 (59)	38,300	3,050	3,760	4,140	27,400	18,800	12,100	2,930	3,810
関東農政局 (60)	32,100	3,400	4,130	3,690	20,900	77,300	22,900	38,800	15,700
東海農政局 (61)	11,500	1,370	1,550	1,330	7,280	22,100	7,590	10,700	3,810
中国四国農政局 (62)	31,400	3,350	3,910	3,770	20,400	38,000	15,600	17,000	5,310

数（続き）						乳用種頭数割合	交雑種頭数割合	1戸当たり飼養頭数	
乳		用		種		(29)/(3)	(33)/(29)	(3)/(1)	
計	めす	ホルスタイン種 他	めす	交雑種	めす				
(29)	(30)	(31)	(32)	(33)	(34)	(35)	(36)	(37)	
頭	頭	頭	頭	頭	頭	%	%	頭	
763,400	248,600	267,900	7,690	495,400	240,900	29.9	64.9	58.2	(1)
328,700	74,100	182,000	4,880	146,700	69,200	62.6	44.6	223.3	(2)
434,700	174,500	85,900	2,810	348,800	171,700	21.4	80.2	48.8	(3)
64,200	24,200	18,200	390	46,000	23,800	19.2	71.7	30.1	(4)
9,740	3,450	2,580	70	7,160	3,380	44.9	73.5	63.3	(5)
126,200	51,600	25,500	1,000	100,700	50,600	46.3	79.8	97.6	(6)
45,900	20,500	5,030	180	40,900	20,400	37.7	89.1	110.7	(7)
13,000	6,760	1,070	50	11,900	6,700	14.6	91.5	59.4	(8)
46,200	21,200	10,000	310	36,200	20,900	37.2	78.4	51.2	(9)
31,400	8,450	4,290	110	27,100	8,340	52.4	86.3	89.8	(10)
97,500	38,100	19,200	700	78,300	37,400	10.5	80.3	48.0	(11)
590	280	80	0	510	270	0.7	86.4	33.9	(12)
328,700	74,100	182,000	4,880	146,700	69,200	62.6	44.6	223.3	(13)
24,700	6,660	13,800	200	11,000	6,460	46.0	44.5	65.2	(14)
17,100	5,640	2,580	50	14,500	5,590	18.8	84.8	22.4	(15)
9,730	3,830	1,090	60	8,640	3,770	12.0	88.8	27.3	(16)
1,550	560	140	40	1,410	520	8.0	91.0	25.4	(17)
1,390	380	250	20	1,140	370	3.5	82.0	63.8	(18)
9,750	7,090	350	20	9,400	7,070	19.8	96.4	26.6	(19)
19,600	7,740	5,580	20	14,100	7,730	39.0	71.9	103.3	(20)
37,600	8,560	8,800	480	28,800	8,080	47.1	76.6	94.9	(21)
24,500	14,900	2,170	10	22,300	14,900	44.7	91.0	99.5	(22)
6,050	2,400	2,540	60	3,500	2,340	35.6	57.9	117.2	(23)
28,300	12,300	5,660	380	22,700	12,000	71.5	80.2	157.8	(24)
120	40	x	x	x	x	19.0	58.3	28.6	(25)
2,480	1,420	130	0	2,350	1,420	50.8	94.8	82.7	(26)
7,260	2,290	2,250	50	5,010	2,240	57.6	69.0	66.0	(27)
1,260	670	80	10	1,170	660	35.4	92.9	118.7	(28)
450	140	220	10	230	140	13.2	51.1	44.2	(29)
780	350	30	0	750	340	36.4	96.2	47.6	(30)
2,670	1,640	190	10	2,480	1,630	54.9	92.9	77.1	(31)
4,900	2,530	400	30	4,500	2,500	23.8	91.8	54.9	(32)
1,930	850	80	0	1,850	850	6.0	95.9	66.9	(33)
11,700	4,830	1,220	60	10,500	4,770	60.9	89.7	162.7	(34)
29,200	12,800	3,590	120	25,700	12,700	70.9	88.0	117.4	(35)
3,020	2,060	130	0	2,890	2,050	10.3	95.7	190.8	(36)
3,960	1,080	120	0	3,840	1,080	19.8	97.0	219.8	(37)
320	190	70	30	250	160	5.5	78.1	80.6	(38)
280	110	60	10	230	110	36.8	82.1	84.4	(39)
7,720	4,990	760	20	6,960	4,980	13.9	90.2	44.9	(40)
410	200	40	0	370	200	9.7	90.2	96.1	(41)
270	190	30	–	240	190	10.1	88.9	51.5	(42)
7,560	1,810	4,060	150	3,500	1,660	38.0	46.3	72.6	(43)
6,090	880	1,060	30	5,030	850	19.3	82.6	37.2	(44)
18,700	9,890	3,240	50	15,400	9,850	56.2	82.4	81.0	(45)
11,100	6,820	1,190	40	9,900	6,780	44.6	89.2	48.3	(46)
2,770	1,800	460	50	2,310	1,750	18.8	83.4	38.3	(47)
13,200	3,450	1,270	40	11,900	3,410	57.6	90.2	126.5	(48)
12,400	3,390	820	10	11,500	3,380	59.0	92.7	123.5	(49)
4,910	1,500	1,400	60	3,510	1,440	48.6	71.5	61.6	(50)
980	110	800	–	180	110	16.6	18.4	38.8	(51)
7,810	3,400	2,810	140	5,000	3,260	35.3	64.0	111.6	(52)
1,060	820	60	10	1,000	810	2.0	94.3	90.8	(53)
12,300	5,250	1,320	70	11,000	5,190	14.6	89.4	35.5	(54)
27,600	7,160	5,390	100	22,200	7,060	20.9	80.4	56.3	(55)
11,200	3,890	4,450	170	6,750	3,720	21.9	60.3	45.7	(56)
22,100	10,800	2,690	60	19,400	10,800	9.1	87.8	45.5	(57)
15,400	6,770	2,480	160	12,900	6,610	4.5	83.8	46.5	(58)
590	280	80	0	510	270	0.7	86.4	33.9	(59)
138,000	56,400	26,700	1,060	111,300	55,400	47.3	80.7	100.2	(60)
34,200	15,700	3,800	120	30,400	15,600	33.3	88.9	104.3	(61)
77,600	29,600	14,300	420	63,300	29,200	42.1	81.6	59.4	(62)

44 肉 用 牛

(1) 全国農業地域・都道府県別（続き）

イ 総飼養頭数規模別の飼養戸数

単位：戸

全国農業地域・都道府県	計	1〜4頭	5〜9	10〜19	20〜29	30〜49	50〜99	100〜199	200〜499	500頭以上
全国	43,900	10,700	8,890	8,070	4,010	4,020	3,920	2,180	1,400	743
（全国農業地域）										
北海道	2,350	153	166	289	235	397	473	266	174	200
都府県	41,600	10,600	8,720	7,780	3,780	3,620	3,450	1,910	1,230	543
東北	11,100	3,610	2,590	2,060	930	779	587	326	142	70
北陸	343	71	63	54	24	43	42	22	21	3
関東・東山	2,790	442	389	458	279	310	405	216	190	104
東海	1,100	139	117	126	102	119	166	165	127	42
近畿	1,500	324	317	328	105	123	135	85	52	34
中国	2,430	899	486	377	148	164	153	100	66	39
四国	667	135	92	104	62	70	72	65	49	18
九州	19,300	4,510	4,240	3,780	1,800	1,710	1,650	849	548	227
沖縄	2,350	429	426	498	329	303	239	83	34	6
（都道府県）										
北海道	2,350	153	166	289	235	397	473	266	174	200
青森	824	130	160	187	101	79	68	56	26	17
岩手	4,060	1,580	964	697	313	248	149	78	25	14
宮城	2,960	886	714	574	275	230	167	69	35	12
秋田	764	269	178	133	50	45	52	18	17	2
山形	630	121	125	108	50	81	65	48	17	15
福島	1,850	627	452	357	141	96	86	57	22	10
茨城	486	95	86	79	44	46	52	34	29	21
栃木	841	87	112	149	108	118	128	55	52	32
群馬	551	91	68	78	36	71	98	55	33	21
埼玉	145	20	21	23	19	11	17	16	12	6
千葉	251	30	34	45	18	19	33	19	35	18
東京	22	9	3	3	2	2	2	-	1	-
神奈川	59	8	5	16	6	6	8	6	2	2
新潟	191	43	40	30	13	24	22	6	11	2
富山	30	1	2	3	1	5	8	4	6	-
石川	77	21	13	15	5	9	5	4	4	1
福井	45	6	8	6	5	5	7	8	-	-
山梨	63	8	3	14	7	8	13	4	5	1
長野	375	94	57	51	39	29	54	27	21	3
岐阜	481	71	67	67	55	55	69	57	34	6
静岡	118	12	5	8	8	11	18	25	26	5
愛知	351	47	35	41	26	34	51	54	45	18
三重	153	9	10	10	13	19	28	29	22	13
滋賀	91	5	6	8	3	7	12	24	15	11
京都	72	17	16	10	6	7	4	5	4	3
大阪	9	-	2	-	-	1	4	2	-	-
兵庫	1,240	283	279	297	90	95	92	51	32	16
奈良	44	12	8	8	1	5	6	-	1	3
和歌山	52	7	6	5	5	8	17	3	-	1
鳥取	274	75	41	40	19	22	34	20	17	6
島根	847	416	165	110	42	39	32	23	10	10
岡山	411	124	75	66	28	36	32	21	17	12
広島	516	191	118	83	30	24	28	21	14	7
山口	384	93	87	78	29	43	27	15	8	4
徳島	181	28	23	16	17	22	23	22	21	9
香川	170	25	23	30	17	20	22	16	10	7
愛媛	164	33	19	33	16	16	17	18	10	2
高知	152	49	27	25	12	12	10	9	8	-
福岡	198	22	23	34	18	23	27	28	16	7
佐賀	576	68	78	82	59	52	97	81	45	14
長崎	2,370	663	558	461	200	200	144	78	49	12
熊本	2,350	445	441	491	250	237	226	134	102	27
大分	1,120	259	232	208	103	134	107	39	25	16
宮崎	5,360	1,050	1,230	1,110	537	493	508	232	138	72
鹿児島	7,330	2,000	1,680	1,390	629	573	542	257	173	79
沖縄	2,350	429	426	498	329	303	239	83	34	6
関東農政局	2,910	454	394	466	287	321	423	241	216	109
東海農政局	985	127	112	118	94	108	148	140	101	37
中国四国農政局	3,100	1,030	578	481	210	234	225	165	115	57

ウ　総飼養頭数規模別の飼養頭数

単位：頭

全国農業地域・都道府県	計	1〜4頭	5〜9	10〜19	20〜29	30〜49	50〜99	100〜199	200〜499	500頭以上
全　　　　　国	2,555,000	28,700	63,400	117,300	101,500	161,500	286,800	317,600	436,900	1,042,000
（全国農業地域）										
北　海　道	524,700	370	1,180	4,260	5,840	15,900	34,000	38,400	57,300	367,400
都　府　県	2,031,000	28,300	62,200	113,000	95,600	145,500	252,800	279,200	379,700	674,200
東　　　北	334,500	9,490	18,200	29,400	23,400	30,700	42,000	47,500	41,800	92,100
北　　　陸	21,700	190	420	770	610	1,740	3,280	3,200	6,690	4,770
関東・東山	272,400	1,090	2,770	6,680	7,000	12,400	29,400	30,600	58,700	123,700
東　　　海	121,800	360	830	1,780	2,550	4,720	12,200	23,700	39,000	36,700
近　　　畿	89,100	900	2,180	4,720	2,620	4,860	9,730	12,400	15,400	36,400
中　　　国	124,300	2,250	3,320	5,350	3,650	6,440	11,000	14,300	20,700	57,300
四　　　国	59,900	330	620	1,510	1,560	2,740	5,180	9,280	14,900	23,700
九　　　州	927,100	12,600	30,800	55,500	45,900	69,600	122,100	126,500	171,500	292,500
沖　　　縄	79,700	1,140	3,070	7,360	8,330	12,300	17,800	11,700	10,900	7,080
（都道府県）										
北　海　道	524,700	370	1,180	4,260	5,840	15,900	34,000	38,400	57,300	367,400
青　　　森	53,700	360	1,100	2,660	2,470	3,050	4,770	7,960	8,300	23,000
岩　　　手	91,100	4,110	6,780	10,100	7,950	9,820	11,000	11,900	7,790	21,800
宮　　　城	80,900	2,370	5,000	8,060	6,880	8,920	11,600	9,670	9,280	19,100
秋　　　田	19,400	690	1,240	1,830	1,210	1,790	3,650	2,710	4,850	x
山　　　形	40,200	330	860	1,560	1,280	3,120	4,750	6,730	4,550	17,100
福　　　島	49,300	1,630	3,230	5,190	3,600	3,960	6,290	8,600	7,040	9,780
茨　　　城	50,200	230	600	1,120	1,100	1,810	3,640	4,750	9,220	27,700
栃　　　木	79,800	230	800	2,200	2,690	4,750	9,220	7,620	16,100	36,200
群　　　馬	54,800	220	470	1,130	910	2,810	7,120	7,820	10,100	24,200
埼　　　玉	17,000	50	150	340	500	430	1,140	2,360	3,820	8,250
千　　　葉	39,600	70	250	630	450	810	2,410	2,850	10,600	21,500
東　　　京	630	20	30	50	x	x	x	-	x	-
神　奈　川	4,880	20	40	250	150	240	640	850	x	x
新　　　潟	12,600	120	260	430	340	980	1,740	810	3,750	x
富　　　山	3,560	x	x	50	x	200	630	680	1,940	-
石　　　川	3,400	60	90	210	120	360	390	550	1,000	x
福　　　井	2,140	10	50	90	120	190	510	1,160	-	
山　　　梨	4,860	20	30	210	170	300	980	530	1,400	x
長　　　野	20,600	220	410	750	990	1,160	4,170	3,800	6,360	2,780
岐　　　阜	32,200	190	470	950	1,360	2,200	5,090	8,020	9,900	4,060
静　　　岡	19,200	40	30	120	200	460	1,390	3,830	8,010	5,070
愛　　　知	41,200	110	260	570	650	1,310	3,690	7,550	14,000	13,100
三　　　重	29,200	20	70	150	340	750	2,040	4,280	7,110	14,500
滋　　　賀	20,000	10	40	100	80	250	930	3,520	4,100	11,000
京　　　都	5,800	50	110	130	150	250	300	770	1,070	2,960
大　　　阪	760	-	x	-	-	x	340	x	-	-
兵　　　庫	55,700	790	1,920	4,300	2,230	3,770	6,640	7,270	10,000	18,700
奈　　　良	4,230	40	50	130	x	210	430	-	x	3,110
和　歌　山	2,680	20	40	60	130	330	1,100	430	-	x
鳥　　　取	19,900	190	290	580	470	840	2,430	2,760	5,270	7,040
島　　　根	31,500	1,000	1,110	1,520	1,040	1,550	2,240	3,440	3,090	16,500
岡　　　山	33,300	300	530	970	690	1,400	2,370	2,960	5,640	18,500
広　　　島	24,900	520	800	1,130	730	980	2,180	2,980	4,140	11,400
山　　　口	14,700	240	600	1,150	720	1,670	1,770	2,180	2,570	3,830
徳　　　島	22,900	60	150	230	440	850	1,650	3,120	6,490	9,880
香　　　川	21,000	60	150	430	430	810	1,560	2,420	2,560	12,600
愛　　　媛	10,100	80	120	490	390	610	1,230	2,450	3,500	x
高　　　知	5,890	120	190	370	310	480	740	1,300	2,380	-
福　　　岡	22,100	50	150	490	470	920	2,250	4,120	5,170	8,480
佐　　　賀	52,300	190	560	1,170	1,470	2,110	7,330	11,500	13,700	14,200
長　　　崎	84,100	1,840	4,110	6,970	5,270	8,310	10,800	11,900	15,400	19,400
熊　　　本	132,300	1,220	3,190	7,110	6,350	9,610	16,900	20,400	31,100	36,400
大　　　分	51,200	760	1,720	3,050	2,670	5,690	7,920	5,790	8,310	15,300
宮　　　崎	244,100	2,920	8,550	15,400	12,900	19,000	35,300	32,200	40,900	77,000
鹿　児　島	341,000	5,570	12,500	21,300	16,800	24,000	41,600	40,600	56,900	121,700
沖　　　縄	79,700	1,140	3,070	7,360	8,330	12,300	17,800	11,700	10,900	7,080
関東農政局	291,600	1,130	2,800	6,800	7,210	12,900	30,800	34,400	66,800	128,800
東海農政局	102,700	320	800	1,660	2,350	4,260	10,800	19,900	31,000	31,700
中国四国農政局	184,200	2,580	3,940	6,860	5,200	9,190	16,200	23,600	35,600	81,000

46 肉 用 牛

(1) 全国農業地域・都道府県別（続き）

エ 子取り用めす牛飼養頭数規模別の飼養戸数

単位：戸

| 全国農業地域・都道府県 | 計 | 子取り用めす牛飼養頭数規模 | | | | | | | 子取り用めす牛なし |
		小 計	1～4頭	5～9	10～19	20～49	50～99	100頭以上	
全　　国	43,900	38,600	15,800	8,810	6,700	5,390	1,380	522	5,360
（全国農業地域）									
北　海　道	2,350	1,910	244	271	408	663	225	99	443
都　府　県	41,600	36,700	15,500	8,540	6,290	4,730	1,150	423	4,910
東　　北	11,100	9,920	5,210	2,310	1,450	772	133	46	1,170
北　　陸	343	206	94	30	52	19	9	2	137
関東・東山	2,790	1,890	619	402	408	360	79	23	902
東　　海	1,100	583	176	102	115	133	42	15	520
近　　畿	1,500	1,260	505	328	212	158	38	14	248
中　　国	2,430	2,200	1,170	441	276	226	65	23	234
四　　国	667	439	154	92	100	72	13	8	228
九　　州	19,300	17,900	6,980	4,310	3,130	2,560	678	261	1,390
沖　　縄	2,350	2,260	633	525	546	429	96	31	87
（都道府県）									
北　海　道	2,350	1,910	244	271	408	663	225	99	443
青　　森	824	721	247	193	147	100	24	10	103
岩　　手	4,060	3,750	2,130	830	501	234	33	14	317
宮　　城	2,960	2,620	1,350	626	390	215	33	9	343
秋　　田	764	697	391	143	89	56	14	4	67
山　　形	630	441	191	99	82	53	12	4	189
福　　島	1,850	1,700	898	420	242	114	17	5	152
茨　　城	486	333	136	81	67	38	8	3	153
栃　　木	841	641	159	148	156	143	24	11	200
群　　馬	551	331	96	54	56	94	27	4	220
埼　　玉	145	99	29	22	24	17	6	1	46
千　　葉	251	143	49	44	23	16	8	3	108
東　　京	22	18	10	3	2	3	-	-	4
神　奈　川	59	31	10	6	8	7	-	-	28
新　　潟	191	134	71	18	31	11	2	1	57
富　　山	30	18	2	2	7	2	4	1	12
石　　川	77	32	12	6	7	5	2	-	45
福　　井	45	22	12	4	7	1	1	-	23
山　　梨	63	38	12	6	12	7	-	1	25
長　　野	375	257	118	38	60	35	6	-	118
岐　　阜	481	367	123	65	68	79	24	8	114
静　　岡	118	41	12	3	10	14	2	-	77
愛　　知	351	138	33	23	28	37	13	4	213
三　　重	153	37	8	11	9	3	3	3	116
滋　　賀	91	40	10	4	4	11	8	3	51
京　　都	72	56	28	11	7	7	3	-	16
大　　阪	9	4	2	1	-	1	-	-	5
兵　　庫	1,240	1,100	449	309	190	120	25	11	131
奈　　良	44	17	7	-	4	4	2	-	27
和　歌　山	52	34	9	3	7	15	-	-	18
鳥　　取	274	237	106	47	30	40	10	4	37
島　　根	847	771	481	125	81	55	20	9	76
岡　　山	411	363	162	79	54	54	10	4	48
広　　島	516	474	271	102	50	33	15	3	42
山　　口	384	353	147	88	61	44	10	3	31
徳　　島	181	97	32	14	23	19	5	4	84
香　　川	170	97	21	21	29	23	1	2	73
愛　　媛	164	117	44	23	32	14	4	-	47
高　　知	152	128	57	34	16	16	3	2	24
福　　岡	198	122	33	20	24	28	13	4	76
佐　　賀	576	440	115	95	84	96	39	11	136
長　　崎	2,370	2,210	970	522	386	257	49	22	159
熊　　本	2,350	2,130	723	541	389	336	105	32	227
大　　分	1,120	1,040	390	243	178	194	30	6	82
宮　　崎	5,360	5,100	1,920	1,260	894	745	206	75	264
鹿　児　島	7,330	6,890	2,830	1,630	1,180	902	236	111	441
沖　　縄	2,350	2,260	633	525	546	429	96	31	87
関東農政局	2,910	1,930	631	405	418	374	81	23	979
東海農政局	985	542	164	99	105	119	40	15	443
中国四国農政局	3,100	2,640	1,320	533	376	298	78	31	462

注： この統計表の子取り用めす牛飼養頭数規模は、牛個体識別別全国データベースにおいて出産経験のある肉用種めすの頭数を階層として区分したものである（以下オにおいて同じ。）。

オ 子取り用めす牛飼養頭数規模別の飼養頭数

単位：頭

全国農業地域・都道府県	計	子取り用めす牛飼養頭数規模							子取り用めす牛なし
		小計	1～4頭	5～9	10～19	20～49	50～99	100頭以上	
全国	2,555,000	1,538,000	146,700	155,500	236,100	397,200	239,000	363,400	1,017,000
(全国農業地域)									
北海道	524,700	234,400	7,520	9,800	34,400	56,400	40,000	86,300	290,300
都府県	2,031,000	1,303,000	139,200	145,700	201,700	340,800	199,000	277,100	727,100
東北	334,500	238,000	35,100	37,500	45,300	54,500	27,900	37,800	96,500
北陸	21,700	8,440	1,580	760	2,330	1,590	1,400	x	13,200
関東・東山	272,400	119,200	10,200	15,200	19,100	36,500	13,400	24,700	153,200
東海	121,800	47,100	6,540	4,380	4,980	13,600	8,940	8,660	74,700
近畿	89,100	54,800	9,190	7,880	6,780	12,300	8,810	9,810	34,400
中国	124,300	86,500	8,740	7,840	8,790	22,900	13,200	25,000	37,800
四国	59,900	25,200	3,850	3,530	5,260	5,900	2,330	4,380	34,600
九州	927,100	645,800	60,300	62,200	95,000	167,500	109,700	151,100	281,300
沖縄	79,700	78,500	3,660	6,520	14,100	26,000	13,300	14,900	1,240
(都道府県)									
北海道	524,700	234,400	7,520	9,800	34,400	56,400	40,000	86,300	290,300
青森	53,700	30,100	1,750	2,920	4,280	8,840	7,500	4,810	23,600
岩手	91,100	68,000	10,400	12,900	13,100	14,700	5,350	11,500	23,100
宮城	80,900	63,000	10,600	8,950	12,100	13,500	6,370	11,500	17,900
秋田	19,400	15,400	2,760	1,980	3,460	4,200	1,990	1,070	3,910
山形	40,200	29,800	4,820	3,360	4,310	6,270	4,470	6,550	10,500
福島	49,300	31,700	4,810	7,350	8,010	6,950	2,180	2,370	17,600
茨城	50,200	17,900	970	2,920	5,030	5,100	1,420	2,430	32,300
栃木	79,800	42,100	2,780	5,150	5,900	11,700	3,840	12,700	37,700
群馬	54,800	21,200	1,680	910	2,000	7,400	4,310	4,850	33,600
埼玉	17,000	4,700	210	370	1,130	1,730	890	x	12,300
千葉	39,600	18,400	2,500	3,850	2,170	3,850	2,030	3,960	21,200
東京	630	330	30	70	x	180	-	-	300
神奈川	4,880	3,140	100	890	350	1,800	-	-	1,740
新潟	12,600	4,290	1,140	420	1,110	930	x	x	8,270
富山	3,560	2,060	x	x	660	x	600	x	1,500
石川	3,400	1,140	110	80	260	360	x	-	2,270
福井	2,140	960	320	190	310	x	x	-	1,190
山梨	4,860	1,740	80	160	530	570	-	x	3,120
長野	20,600	9,850	1,890	860	1,960	4,200	950	-	10,800
岐阜	32,200	21,400	1,490	1,310	2,240	7,580	5,610	3,200	10,800
静岡	19,200	4,490	1,200	60	370	2,110	x	-	14,700
愛知	41,200	14,000	3,280	690	1,940	3,630	1,910	2,520	27,300
三重	29,200	7,250	570	2,330	420	320	670	2,950	22,000
滋賀	20,000	9,580	840	1,950	300	1,530	2,410	2,560	10,400
京都	5,800	4,030	910	410	180	2,030	500	-	1,770
大阪	760	360	x	x	-	x	-	-	410
兵庫	55,700	35,700	6,190	5,410	5,280	7,570	4,050	7,250	19,900
奈良	4,230	3,730	870	-	750	240	x	-	510
和歌山	2,680	1,350	180	70	270	840	-	-	1,330
鳥取	19,900	13,200	1,510	1,450	1,060	4,610	3,420	1,160	6,650
島根	31,500	25,700	1,740	1,820	2,120	4,470	3,160	12,400	5,850
岡山	33,300	17,900	1,310	1,450	2,090	7,590	1,890	3,600	15,400
広島	24,900	18,900	3,410	1,290	1,680	2,940	2,290	7,250	5,990
山口	14,700	10,800	770	1,830	1,840	3,280	2,420	650	3,920
徳島	22,900	8,530	1,480	1,440	1,420	1,530	780	1,870	14,300
香川	21,000	8,220	1,830	670	2,330	1,500	x	x	12,800
愛媛	10,100	4,050	230	680	960	1,370	810	-	6,090
高知	5,890	4,440	310	730	550	1,490	560	x	1,450
福岡	22,100	6,940	690	310	1,010	2,070	1,770	1,090	15,200
佐賀	52,300	28,200	2,810	1,980	2,660	6,880	7,290	6,580	24,100
長崎	84,100	60,900	11,400	7,050	10,800	16,600	6,230	8,850	23,200
熊本	132,300	93,900	12,300	7,990	12,400	22,800	18,100	20,400	38,400
大分	51,200	31,000	1,890	3,230	6,310	11,800	4,430	3,300	20,200
宮崎	244,100	186,100	15,800	19,600	26,200	50,000	34,700	39,800	58,000
鹿児島	341,000	238,800	15,400	22,000	35,700	57,300	37,200	71,200	102,200
沖縄	79,700	78,500	3,660	6,520	14,100	26,000	13,300	14,900	1,240
関東農政局	291,600	123,700	11,400	15,200	19,500	38,600	14,200	24,700	167,900
東海農政局	102,700	42,600	5,340	4,320	4,610	11,500	8,190	8,660	60,000
中国四国農政局	184,200	111,700	12,600	11,400	14,000	28,800	15,500	29,400	72,500

注： 飼養者が飼養している全ての肉用牛（肉用種（子取り用めす牛、肥育用牛及び育成牛）及び乳用種（交雑種及びホルスタイン種他））
の頭数である（以下キ、ケ及びサの統計表において同じ。）。

48 肉用牛

(1) 全国農業地域・都道府県別（続き）

カ 肉用種の肥育用牛飼養頭数規模別の飼養戸数

単位：戸

全国農業地域・都道府県	計	肥育用牛飼養頭数規模 小計	1～9頭	10～19	20～29	30～49	50～99	100～199	200～499	500頭以上	肥育用牛なし
全国	43,900	6,790	3,520	691	429	575	675	497	285	122	37,100
（全国農業地域）											
北海道	2,350	492	307	48	29	33	37	16	10	12	1,860
都府県	41,600	6,300	3,210	643	400	542	638	481	275	110	35,300
東北	11,100	1,330	675	179	108	134	125	69	29	11	9,760
北陸	343	108	43	14	13	13	18	4	3	-	235
関東・東山	2,790	830	328	109	75	95	108	53	48	14	1,960
東海	1,100	288	107	32	18	30	53	32	15	1	815
近畿	1,500	289	122	34	25	23	38	24	15	8	1,210
中国	2,430	276	131	33	23	29	26	19	7	8	2,160
四国	667	214	93	34	23	22	22	15	4	1	453
九州	19,300	2,190	1,030	161	102	186	242	262	150	66	17,100
沖縄	2,350	772	688	47	13	10	6	3	4	1	1,580
（都道府県）											
北海道	2,350	492	307	48	29	33	37	16	10	12	1,860
青森	824	126	75	15	7	7	12	7	1	2	698
岩手	4,060	385	240	45	26	35	22	10	6	1	3,680
宮城	2,960	426	168	64	46	54	54	27	9	4	2,540
秋田	764	83	34	15	7	4	9	10	4	-	681
山形	630	123	72	13	9	12	8	3	3	3	507
福島	1,850	187	86	27	13	22	20	12	6	1	1,660
茨城	486	150	40	19	16	16	21	19	15	4	336
栃木	841	249	92	32	26	31	40	13	12	3	592
群馬	551	150	69	17	11	19	17	5	9	3	401
埼玉	145	38	17	6	-	2	5	3	3	2	107
千葉	251	82	36	11	7	13	5	6	3	1	169
東京	22	6	4	2	-	-	-	-	-	-	16
神奈川	59	22	9	3	1	4	2	2	1	-	37
新潟	191	62	26	10	7	3	15	-	1	-	129
富山	30	16	6	-	4	3	2	1	-	-	14
石川	77	15	4	3	-	3	1	2	2	-	62
福井	45	15	7	1	-	4	-	1	-	-	30
山梨	63	31	17	5	5	2	2	-	-	-	32
長野	375	102	44	14	9	8	16	5	5	1	273
岐阜	481	147	42	15	6	14	39	20	10	1	334
静岡	118	39	16	5	4	6	4	4	-	-	79
愛知	351	74	37	7	6	7	6	6	5	-	277
三重	153	28	12	5	2	3	4	2	-	-	125
滋賀	91	54	14	6	9	7	7	8	3	-	37
京都	72	16	4	1	4	1	2	-	3	1	56
大阪	9	4	-	2	-	1	1	-	-	-	5
兵庫	1,240	187	94	16	10	13	26	14	8	6	1,050
奈良	44	7	2	3	-	-	-	1	-	1	37
和歌山	52	21	8	6	2	1	2	1	1	-	31
鳥取	274	52	26	7	4	7	6	-	1	1	222
島根	847	45	16	3	5	4	6	6	2	3	802
岡山	411	60	34	6	5	3	5	5	2	-	351
広島	516	55	27	5	5	5	5	5	1	2	461
山口	384	64	28	12	4	10	4	3	1	2	320
徳島	181	59	22	11	10	2	7	7	-	-	122
香川	170	67	29	11	3	7	8	7	1	1	103
愛媛	164	51	25	8	6	8	2	2	-	-	113
高知	152	37	17	4	4	5	5	2	-	-	115
福岡	198	71	27	7	5	10	7	8	3	4	127
佐賀	576	191	44	16	16	23	38	35	14	5	385
長崎	2,370	188	80	16	9	21	25	21	13	3	2,180
熊本	2,350	343	145	41	20	30	48	43	11	5	2,010
大分	1,120	109	57	8	3	10	8	10	10	3	1,010
宮崎	5,360	449	165	20	27	42	58	76	41	20	4,920
鹿児島	7,330	843	507	53	29	50	58	69	58	26	6,480
沖縄	2,350	772	688	47	13	10	6	3	4	1	1,580
関東農政局	2,910	869	344	114	79	101	112	57	48	14	2,040
東海農政局	985	249	91	27	14	24	49	28	15	1	736
中国四国農政局	3,100	490	224	67	46	51	48	34	11	9	2,610

注： この統計表の肉用種の肥育用牛飼養頭数規模は、牛個体識別全国データベースにおいて1歳以上の肉用種おすの頭数を階層として区分したものである（以下キにおいて同じ。）。

キ　肉用種の肥育用牛飼養頭数規模別の飼養頭数

単位：頭

全国農業地域・都道府県	計	肥育用牛飼養頭数規模									肥育用牛なし
		小計	1～9頭	10～19	20～29	30～49	50～99	100～199	200～499	500頭以上	
全国	2,555,000	1,390,000	344,000	101,900	78,200	92,800	142,700	164,100	171,400	294,600	1,166,000
(全国農業地域)											
北海道	524,700	236,500	81,200	27,400	25,200	10,800	16,700	13,600	13,200	48,400	288,100
都府県	2,031,000	1,153,000	262,800	74,600	52,900	82,000	126,000	150,500	158,200	246,200	877,500
東北	334,500	170,900	44,900	12,200	8,830	14,900	21,100	23,200	15,700	30,100	163,700
北陸	21,700	12,500	2,620	3,420	1,020	1,420	1,910	780	1,320	－	9,160
関東・東山	272,400	174,100	35,300	11,000	13,400	12,900	25,600	19,300	28,500	28,100	98,300
東海	121,800	59,600	15,800	4,040	3,880	6,220	12,600	8,850	7,230	x	62,300
近畿	89,100	58,200	8,140	2,830	3,000	4,560	7,370	9,430	9,000	13,900	31,000
中国	124,300	72,200	14,500	6,060	3,350	7,520	5,860	6,840	6,050	22,000	52,200
四国	59,900	37,200	6,470	3,730	2,540	3,100	5,230	9,720	2,400	x	22,700
九州	927,100	516,100	101,400	24,200	14,200	28,600	44,700	71,500	86,500	145,000	411,000
沖縄	79,700	52,400	33,700	7,090	2,650	2,740	1,600	890	1,520	x	27,300
(都道府県)											
北海道	524,700	236,500	81,200	27,400	25,200	10,800	16,700	13,600	13,200	48,400	288,100
青森	53,700	26,800	10,500	980	2,310	1,300	1,700	1,830	x	x	26,900
岩手	91,100	37,200	10,600	3,380	1,700	3,280	3,330	8,220	4,490	x	53,900
宮城	80,900	45,800	7,850	2,960	2,040	5,090	7,110	4,930	4,450	11,400	35,100
秋田	19,400	9,810	2,050	620	460	500	1,530	2,550	2,090	－	9,550
山形	40,200	26,100	8,170	1,700	830	2,540	1,350	2,150	1,990	7,360	14,100
福島	49,300	25,200	5,770	2,570	1,490	2,220	6,120	3,490	2,420	x	24,100
茨城	50,200	34,200	2,250	1,630	1,200	1,050	2,890	7,960	12,300	4,960	16,000
栃木	79,800	43,700	8,350	3,320	3,490	3,590	7,970	2,720	4,870	9,450	36,000
群馬	54,800	35,000	7,530	1,750	1,120	4,700	7,520	1,470	4,980	5,890	19,800
埼玉	17,000	10,800	1,390	590	－	x	1,210	460	1,350	x	6,210
千葉	39,600	29,100	11,300	2,120	5,690	1,780	1,210	4,500	1,510	x	10,500
東京	630	420	350	x	－	－	－	－	－		210
神奈川	4,880	3,800	420	100	x	290	x	x	x		1,080
新潟	12,600	6,330	910	3,100	270	140	1,570	－	x	－	6,220
富山	3,560	2,310	840	－	560	510	x	x	x		1,250
石川	3,400	2,420	300	190	－	410	x	x	x		980
福井	2,140	1,450	580	x	x	370	－	x	－		700
山梨	4,860	3,140	970	280	330	x	x	－	－		1,720
長野	20,600	13,800	2,750	1,150	760	780	2,830	1,680	2,490	x	6,800
岐阜	32,200	21,700	2,360	1,270	350	1,750	6,160	4,220	4,670	x	10,500
静岡	19,200	8,290	2,430	790	530	1,210	1,330	2,010			10,900
愛知	41,200	20,600	8,190	1,680	1,810	2,400	2,570	1,400	2,560		20,600
三重	29,200	8,950	2,780	300	x	860	2,580	x			20,300
滋賀	20,000	15,500	1,450	860	1,440	1,340	2,790	4,340	3,240	－	4,530
京都	5,800	4,110	230	x	430	x	x	－	1,330	x	1,680
大阪	760	320	－	x	－	x	x	－			440
兵庫	55,700	33,800	5,970	1,240	1,000	3,070	3,810	4,260	3,840	10,600	21,800
奈良	4,230	2,490	x	180	－	－	－	x	－		1,740
和歌山	2,680	1,960	450	390	x	x	x	x	x	－	730
鳥取	19,900	10,900	3,740	590	470	2,910	1,310	－	x	x	8,950
島根	31,500	21,100	2,180	420	400	1,070	1,530	2,980	x	10,500	10,400
岡山	33,300	14,700	4,230	3,030	1,000	880	1,250	1,350	x	－	18,700
広島	24,900	15,700	3,090	490	550	1,620	630	1,690	x	x	9,120
山口	14,700	9,680	1,260	1,530	940	1,050	1,150	820	x	x	5,040
徳島	22,900	11,400	2,530	2,000	1,470	x	1,770	1,640	1,410		11,500
香川	21,000	16,700	1,090	680	180	920	1,820	7,010	x	x	4,350
愛媛	10,100	5,240	2,210	740	380	730	x	x	－		4,900
高知	5,890	3,860	640	320	500	860	1,060	x	－		2,030
福岡	22,100	14,900	1,890	1,130	500	1,000	990	1,630	1,080	6,700	7,170
佐賀	52,300	39,700	4,690	1,340	2,560	2,290	6,990	7,870	6,680	7,270	12,600
長崎	84,100	37,400	8,530	1,710	670	2,180	3,520	5,400	8,020	7,390	46,700
熊本	132,300	77,700	22,000	6,730	1,930	4,500	10,600	12,900	7,480	11,600	54,500
大分	51,200	23,900	7,250	1,370	1,410	1,770	1,770	2,530	4,040	3,740	27,300
宮崎	244,100	123,200	22,400	2,720	4,090	7,780	9,700	19,500	21,300	35,800	121,000
鹿児島	341,000	199,300	34,700	9,200	3,090	9,050	11,100	21,700	38,000	72,500	141,600
沖縄	79,700	52,400	33,700	7,090	2,650	2,740	1,600	890	1,520	x	27,300
関東農政局	291,600	182,400	37,700	11,800	13,900	14,100	26,900	21,300	28,500	28,100	109,200
東海農政局	102,700	51,300	13,300	3,250	3,360	5,010	11,300	6,840	7,230	x	51,400
中国四国農政局	184,200	109,300	21,000	9,790	5,890	10,600	11,100	16,600	8,440	25,900	74,900

50 肉 用 牛

(1) 全国農業地域・都道府県別（続き）

ク 乳用種飼養頭数規模別の飼養戸数

単位：戸

全国農業地域・都道府県	計	乳 用 種 飼 養 頭 数 規 模									乳用種なし
		小 計	1～4頭	5～19	20～29	30～49	50～99	100～199	200～499	500頭以上	
全 国	43,900	4,560	1,800	853	175	201	320	404	457	349	39,400
(全国農業地域)											
北 海 道	2,350	892	359	144	30	27	35	45	95	157	1,460
都 府 県	41,600	3,670	1,440	709	145	174	285	359	362	192	37,900
東 北	11,100	642	314	113	17	27	45	58	40	28	10,400
北 陸	343	121	57	22	8	8	9	6	9	2	222
関 東・東 山	2,790	952	341	173	41	52	104	87	89	65	1,840
東 海	1,100	402	110	85	19	21	41	55	52	19	701
近 畿	1,500	148	52	35	3	11	14	15	13	5	1,360
中 国	2,430	289	133	46	11	16	14	17	32	20	2,140
四 国	667	221	75	48	7	10	13	34	21	13	446
九 州	19,300	840	318	178	39	28	45	86	106	40	18,500
沖 縄	2,350	51	40	9	-	1	-	1	-	-	2,300
(都 道 府 県)											
北 海 道	2,350	892	359	144	30	27	35	45	95	157	1,460
青 森	824	135	45	25	3	3	6	23	18	12	689
岩 手	4,060	178	106	19	4	3	10	20	7	9	3,890
宮 城	2,960	122	59	29	4	12	9	2	3	4	2,840
秋 田	764	64	44	8	1	2	7	-	2	-	700
山 形	630	42	20	12	3	2	3	1	1	-	588
福 島	1,850	101	40	20	2	5	10	12	9	3	1,750
茨 城	486	112	44	22	2	5	15	8	4	12	374
栃 木	841	204	77	27	7	12	19	16	21	25	637
群 馬	551	270	108	51	13	9	30	27	22	10	281
埼 玉	145	70	29	15	1	4	4	9	5	3	75
千 葉	251	142	30	26	9	12	14	12	26	13	109
東 京	22	3	1	2	-	-	-	-	-	-	19
神 奈 川	59	37	17	7	2	2	3	3	2	1	22
新 潟	191	46	20	6	4	3	3	2	6	2	145
富 山	30	16	6	2	-	2	2	1	3	-	14
石 川	77	39	25	9	3	1	-	1	-	-	38
福 井	45	20	6	5	1	2	4	2	-	-	25
山 梨	63	27	6	6	2	5	2	1	4	1	36
長 野	375	87	29	17	5	2	17	11	5	-	288
岐 阜	481	65	34	15	4	3	4	2	3	-	416
静 岡	118	67	16	7	1	3	7	15	14	4	51
愛 知	351	247	51	56	14	15	28	37	33	13	104
三 重	153	23	9	7	-	-	2	1	2	2	130
滋 賀	91	36	10	7	-	4	4	6	2	3	55
京 都	72	17	10	4	-	2	1	-	-	-	55
大 阪	9	5	3	1	-	-	-	1	-	-	4
兵 庫	1,240	53	12	9	3	3	7	6	11	2	1,180
奈 良	44	24	14	7	-	1	1	1	-	-	20
和 歌 山	52	13	3	7	-	1	1	1	-	-	39
鳥 取	274	55	20	7	1	4	5	8	7	3	219
島 根	847	62	38	12	2	1	2	1	3	3	785
岡 山	411	94	42	14	4	7	2	5	12	8	317
広 島	516	43	18	3	3	4	2	2	6	5	473
山 口	384	35	15	10	1	-	3	1	4	1	349
徳 島	181	88	29	13	3	6	8	17	6	6	93
香 川	170	76	26	23	3	2	3	9	5	5	94
愛 媛	164	35	9	6	-	2	1	8	7	2	129
高 知	152	22	11	6	1	-	1	-	3	-	130
福 岡	198	78	36	19	2	-	4	7	6	4	120
佐 賀	576	31	18	4	-	4	2	2	1	-	545
長 崎	2,370	79	30	11	1	4	4	10	16	3	2,290
熊 本	2,350	265	93	72	15	8	11	24	33	9	2,090
大 分	1,120	83	32	25	3	3	4	4	4	8	1,040
宮 崎	5,360	166	65	29	11	5	10	13	20	13	5,200
鹿 児 島	7,330	138	44	18	7	4	10	26	26	3	7,190
沖 縄	2,350	51	40	9	-	1	-	1	-	-	2,300
関 東 農 政 局	2,910	1,020	357	180	42	55	111	102	103	69	1,890
東 海 農 政 局	985	335	94	78	18	18	34	40	38	15	650
中国四国農政局	3,100	510	208	94	18	26	27	51	53	33	2,590

ケ 乳用種飼養頭数規模別の飼養頭数

単位：頭

全国農業地域・都道府県	計	乳用種飼養頭数規模									乳用種なし
		小 計	1～4頭	5～19	20～29	30～49	50～99	100～199	200～499	500頭以上	
(全国農業地域)											
全 国	2,555,000	1,134,000	89,800	77,700	21,500	25,500	50,300	93,400	191,800	584,100	1,421,000
北 海 道	524,700	416,300	23,200	13,700	3,750	2,040	7,160	11,900	40,700	313,900	108,400
都 府 県	2,031,000	717,800	66,600	64,000	17,700	23,500	43,100	81,500	151,100	270,200	1,313,000
東 北	334,500	111,100	13,800	12,600	1,400	3,680	5,680	11,200	17,700	45,100	223,400
北 陸	21,700	13,500	1,240	870	1,080	480	1,120	1,360	3,270	x	8,120
関 東 ・ 東 山	272,400	183,200	11,000	10,600	4,040	5,550	14,900	22,000	33,300	82,000	89,200
東 海	121,800	58,200	3,950	4,050	1,650	1,440	3,530	8,780	17,800	17,000	63,700
近 畿	89,100	27,900	1,960	2,240	790	930	2,000	4,690	5,860	9,430	61,300
中 国	124,300	69,500	5,510	3,350	530	1,360	1,940	3,190	13,000	40,600	54,800
四 国	59,900	40,700	1,810	2,000	350	550	1,740	7,620	6,550	20,100	19,200
九 州	927,100	208,200	24,100	27,000	7,910	9,380	12,200	22,000	53,700	51,900	718,800
沖 縄	79,700	5,510	3,350	1,420	-	x	-	x	-	-	74,200
(都道府県)											
北 海 道	524,700	416,300	23,200	13,700	3,750	2,040	7,160	11,900	40,700	313,900	108,400
青 森	53,700	35,100	1,300	1,470	130	300	610	4,390	10,000	16,900	18,600
岩 手	91,100	26,100	5,290	1,290	350	150	1,010	3,640	2,240	12,200	65,000
宮 城	80,900	22,800	3,160	2,210	260	2,530	1,790	x	940	11,700	58,000
秋 田	19,400	4,130	1,830	320	x	x	880	-	x	x	15,200
山 形	40,200	7,790	1,300	5,550	240	x	260	x	x	-	32,400
福 島	49,300	15,100	890	1,730	x	380	1,130	2,810	3,580	4,370	34,200
茨 城	50,200	31,300	1,730	3,320	x	230	4,030	2,110	1,340	18,500	18,900
栃 木	79,800	51,200	3,040	1,990	790	2,320	2,530	3,980	7,730	28,800	28,600
群 馬	54,800	41,300	3,380	1,730	1,160	410	4,280	8,460	9,340	12,600	13,500
埼 玉	17,000	7,510	490	700	x	410	270	1,780	1,550	2,270	9,530
千 葉	39,600	34,500	570	840	1,640	770	1,400	2,200	9,220	17,800	5,140
東 京	630	100	x	x	-	-	-	-	-	-	530
神 奈 川	4,880	4,170	290	270	x	x	300	420	x	x	710
新 潟	12,600	8,630	200	410	640	220	230	x	2,330	x	3,930
富 山	3,560	2,420	470	x	-	x	x	x	940	-	1,140
石 川	3,400	1,510	510	360	400	x	x	x	-	-	1,890
福 井	2,140	980	60	40	x	x	370	x	-	-	1,170
山 梨	4,860	3,270	200	210	x	280	x	x	1,000	x	1,590
長 野	20,600	9,900	1,240	1,420	200	650	1,940	2,870	1,590	-	10,700
岐 阜	32,200	4,300	1,820	720	210	170	330	x	750	-	27,900
静 岡	19,200	13,500	930	450	x	120	590	2,670	4,170	4,530	5,670
愛 知	41,200	35,000	840	2,100	1,420	1,150	2,460	5,620	11,600	9,730	6,240
三 重	29,200	5,430	370	770	-	-	x	x	x	x	23,800
滋 賀	20,000	9,240	680	960	-	290	1,050	1,720	x	3,890	10,700
京 都	5,800	1,090	190	510	-	x	x	-	-	-	4,710
大 阪	760	430	180	x	-	-	x	-	-	-	330
兵 庫	55,700	14,200	540	360	790	190	570	1,010	5,200	x	41,500
奈 良	4,230	2,240	170	150	-	x	x	x	-	-	1,990
和 歌 山	2,680	690	200	220	-	x	x	x	-	-	1,990
鳥 取	19,900	9,810	1,060	490	x	270	450	1,300	2,370	3,840	10,100
島 根	31,500	14,500	680	960	x	x	x	x	1,890	9,730	17,100
岡 山	33,300	24,500	1,420	910	280	530	x	790	4,800	15,400	8,890
広 島	24,900	15,100	1,770	190	90	370	x	x	2,000	10,000	9,770
山 口	14,700	5,640	580	810	x	-	560	x	1,980	x	9,080
徳 島	22,900	16,200	380	740	80	240	1,110	3,840	1,890	7,900	6,680
香 川	21,000	17,100	1,250	800	200	x	410	2,010	1,450	10,900	3,900
愛 媛	10,100	6,130	120	320	-	x	x	1,760	2,370	x	4,000
高 知	5,890	1,250	60	150	x	-	x	-	840	-	4,640
福 岡	22,100	11,100	670	660	x	-	440	1,210	3,190	4,910	11,000
佐 賀	52,300	6,800	1,360	900	-	3,250	x	x	x	-	45,500
長 崎	84,100	23,000	2,670	710	x	1,260	330	4,140	7,560	6,180	61,200
熊 本	132,300	53,200	4,240	6,310	2,540	1,300	3,200	6,770	13,300	15,500	79,100
大 分	51,200	15,200	1,130	1,490	750	210	320	1,620	1,820	7,820	36,000
宮 崎	244,100	45,000	3,570	4,760	2,990	2,340	4,870	2,710	10,400	13,300	199,200
鹿 児 島	341,000	54,000	10,500	12,100	1,460	1,010	2,540	5,120	17,200	4,150	287,000
沖 縄	79,700	5,510	3,350	1,420	-	x	-	x	-	-	74,200
関 東 農 政 局	291,600	196,700	11,900	11,000	4,060	5,670	15,500	24,600	37,400	86,500	94,900
東 海 農 政 局	102,700	44,700	3,020	3,590	1,630	1,330	2,950	6,110	13,600	12,500	58,000
中国四国農政局	184,200	110,100	7,310	5,350	870	1,910	3,680	10,800	19,600	60,600	74,100

(1) 全国農業地域・都道府県別（続き）

コ 肉用種の肥育用牛及び乳用種飼養頭数規模別の飼養戸数

単位：戸

全国農業地域・都道府県	計	肉用種の肥育用牛及び乳用種飼養頭数規模									肉用種の肥育用牛及び乳用種なし
		小計	1～9頭	10～19	20～29	30～49	50～99	100～199	200～499	500頭以上	
全国	43,900	9,980	4,860	915	542	694	903	854	731	477	34,000
(全国農業地域)											
北海道	2,350	1,140	572	82	55	52	55	60	101	166	1,210
都府県	41,600	8,830	4,290	833	487	642	848	794	630	311	32,800
東北	11,100	1,800	935	204	124	148	161	124	70	38	9,290
北陸	343	199	92	18	18	19	28	9	13	2	144
関東・東山	2,790	1,470	567	155	101	123	177	134	129	88	1,320
東海	1,100	599	196	62	27	50	89	86	68	21	504
近畿	1,500	374	153	43	25	26	55	34	25	13	1,130
中国	2,430	468	215	49	30	37	40	34	37	26	1,960
四国	667	365	154	44	26	29	28	38	33	13	302
九州	19,300	2,760	1,280	207	122	200	263	331	251	109	16,500
沖縄	2,350	789	698	51	14	10	7	4	4	1	1,560
(都道府県)											
北海道	2,350	1,140	572	82	55	52	55	60	101	166	1,210
青森	824	231	111	23	11	8	18	29	18	13	593
岩手	4,060	527	328	48	31	38	30	30	12	10	3,540
宮城	2,960	505	216	69	50	60	61	30	11	8	2,460
秋田	764	133	71	19	7	4	15	10	7	-	631
山形	630	152	89	15	11	14	12	4	4	3	478
福島	1,850	256	120	30	14	24	25	21	18	4	1,590
茨城	486	227	76	23	18	21	32	22	16	19	259
栃木	841	383	140	40	29	36	46	30	33	29	458
群馬	551	338	156	30	20	22	35	33	27	15	213
埼玉	145	92	41	9	5	3	9	11	9	5	53
千葉	251	175	49	20	7	20	17	18	30	14	76
東京	22	8	6	2	-	-	-	-	-	-	14
神奈川	59	48	22	7	2	5	4	5	1	2	11
新潟	191	97	42	11	10	5	18	2	7	2	94
富山	30	24	5	2	3	5	4	2	3	-	6
石川	77	47	29	5	3	4	1	2	3	-	30
福井	45	31	16	-	2	5	5	3	-	-	14
山梨	63	46	15	8	6	6	5	1	4	1	17
長野	375	157	62	16	14	10	29	14	9	3	218
岐阜	481	200	76	18	8	19	43	22	13	1	281
静岡	118	88	21	7	4	9	11	17	15	4	30
愛知	351	267	77	31	14	19	30	44	38	14	84
三重	153	44	22	6	1	3	5	3	2	2	109
滋賀	91	70	18	5	8	9	12	12	3	3	21
京都	72	29	13	2	4	3	3	-	3	1	43
大阪	9	6	1	1	1	-	2	1	-	-	3
兵庫	1,240	216	96	20	11	12	33	18	18	8	1,020
奈良	44	27	16	7	-	1	1	1	-	1	17
和歌山	52	26	9	8	1	1	4	2	1	-	26
鳥取	274	87	34	8	6	7	12	7	9	4	187
島根	847	93	49	9	8	5	7	6	4	5	754
岡山	411	121	59	10	5	8	7	11	12	9	290
広島	516	85	37	6	7	9	7	6	7	6	431
山口	384	82	36	16	4	8	7	4	5	2	302
徳島	181	125	52	7	10	9	10	18	13	6	56
香川	170	112	45	22	5	7	9	11	8	5	58
愛媛	164	74	28	11	6	8	3	7	9	2	90
高知	152	54	29	4	5	5	6	2	3	-	98
福岡	198	133	61	15	8	10	10	13	9	7	65
佐賀	576	204	51	16	16	24	39	38	15	5	372
長崎	2,370	246	104	19	11	23	28	26	29	6	2,120
熊本	2,350	517	220	63	27	36	50	61	47	13	1,840
大分	1,120	167	88	13	4	12	11	13	14	12	956
宮崎	5,360	567	225	26	31	44	62	84	60	35	4,800
鹿児島	7,330	928	530	55	25	51	63	96	77	31	6,400
沖縄	2,350	789	698	51	14	10	7	4	4	1	1,560
関東農政局	2,910	1,560	588	162	105	132	188	151	144	92	1,350
東海農政局	985	511	175	55	23	41	78	69	53	17	474
中国四国農政局	3,100	833	369	93	56	66	68	72	70	39	2,270

注：　この統計表の肉用種の肥育用牛及び乳用種飼養頭数規模は、牛個体識別全国データベースにおいて1歳以上の肉用種おす及び乳用種の頭数を階層として区分したものである（以下サにおいて同じ。）。

サ　肉用種の肥育用牛及び乳用種飼養頭数規模別の飼養頭数

単位：頭

| 全国農業地域・都道府県 | 計 | 肉用種の肥育用牛及び乳用種飼養頭数規模 | | | | | | | | | 肉用種の肥育用牛及び乳用種なし |
		小計	1～9頭	10～19	20～29	30～49	50～99	100～199	200～499	500頭以上	
全　国	2,555,000	1,887,000	240,300	69,800	49,100	73,500	131,500	197,600	308,500	816,300	668,700
(全国農業地域)											
北　海　道	524,700	465,800	35,800	9,510	6,910	6,540	9,770	15,900	44,300	337,100	58,900
都　府　県	2,031,000	1,421,000	204,600	60,300	42,200	67,000	121,700	181,700	264,200	479,200	609,800
東　　北	334,500	215,800	36,100	13,900	7,980	13,200	21,000	31,800	28,600	63,300	118,700
北　　陸	21,700	19,100	1,470	750	1,220	1,720	3,110	1,930	4,800	x	2,540
関東・東山	272,400	243,500	15,800	6,510	6,170	9,220	20,500	25,600	47,700	112,000	28,900
東　　海	121,800	89,700	6,840	3,170	1,660	5,440	12,400	16,600	25,100	18,500	32,100
近　　畿	89,100	64,000	6,550	2,770	2,880	3,200	9,020	9,390	10,800	19,400	25,100
中　　国	124,300	97,200	8,840	3,560	2,550	4,770	6,120	8,140	16,000	47,200	27,200
四　　国	59,900	53,900	3,260	2,310	1,870	2,810	3,690	7,840	12,000	20,100	6,020
九　　州	927,100	584,700	92,000	21,200	14,500	24,200	43,900	78,800	117,700	192,400	342,300
沖　　縄	79,700	52,800	33,700	6,100	3,350	2,440	2,000	1,540	1,520	x	26,900
(都道府県)											
北　海　道	524,700	465,800	35,800	9,510	6,910	6,540	9,770	15,900	44,300	337,100	58,900
青　　森	53,700	42,400	4,420	1,490	960	510	2,310	5,540	7,110	20,000	11,300
岩　　手	91,100	53,300	9,870	3,960	2,150	3,320	3,920	11,000	4,630	14,400	37,800
宮　　城	80,900	50,400	6,640	3,240	2,300	4,670	7,480	5,430	4,680	16,000	30,500
秋　　田	19,400	12,000	2,750	750	460	360	2,090	2,540	3,000	-	7,410
山　　形	40,200	27,600	8,550	1,880	960	2,170	2,150	2,280	2,230	7,360	12,600
福　　島	49,300	30,200	3,890	2,580	1,140	2,150	3,030	4,970	6,910	5,490	19,200
茨　　城	50,200	46,400	1,890	1,300	990	1,490	4,030	4,210	6,120	26,400	3,810
栃　　木	79,800	68,500	5,380	1,590	1,710	3,040	5,450	5,320	12,100	34,000	11,300
群　　馬	54,800	47,700	3,470	1,180	910	1,550	3,370	6,820	11,100	19,300	7,130
埼　　玉	17,000	15,700	740	380	350	120	1,330	1,810	3,330	7,650	1,330
千　　葉	39,600	38,500	830	690	760	1,380	1,930	3,490	10,600	18,800	1,100
東　　京	630	500	430	x	-	-	-	-	-	-	130
神　奈　川	4,880	4,720	340	190	x	390	440	970	x	x	160
新　　潟	12,600	11,100	620	510	690	260	1,800	x	2,680	x	1,410
富　　山	3,560	3,280	130	x	280	610	730	x	940	-	290
石　　川	3,400	2,830	310	180	170	440	x	x	1,180	-	570
福　　井	2,140	1,870	410	-	x	410	440	530	-	-	280
山　　梨	4,860	4,340	450	360	300	470	410	x	1,000	x	520
長　　野	20,600	17,100	2,320	770	1,050	790	3,520	2,830	3,100	2,780	3,490
岐　　阜	32,200	24,500	3,270	1,430	430	2,050	6,480	4,520	5,420	x	7,710
静　　岡	19,200	16,900	490	590	250	1,150	1,910	3,530	4,480	4,530	2,220
愛　　知	41,200	38,400	1,150	830	740	1,370	2,870	7,170	14,000	10,300	2,830
三　　重	29,200	9,890	1,930	320	x	860	1,170	1,410	x	x	19,300
滋　　賀	20,000	17,200	860	700	1,370	1,490	3,530	3,970	1,380	3,890	2,800
京　　都	5,800	4,490	210	x	430	350	550	-	1,330	x	1,310
大　　阪	760	530	x	x	x	-	x	x	-	-	230
兵　　庫	55,700	36,700	4,940	1,290	980	1,260	4,190	4,250	7,520	12,300	19,000
奈　　良	4,230	2,990	170	250	-	x	x	x	-	x	1,240
和　歌　山	2,680	2,070	370	390	x	x	330	x	x	-	610
鳥　　取	19,900	14,900	1,650	390	770	780	1,890	990	3,030	5,380	4,990
島　　根	31,500	22,900	1,810	620	680	1,260	1,120	2,380	2,550	12,500	8,640
岡　　山	33,300	29,100	2,040	960	320	770	1,100	2,270	5,710	16,000	4,230
広　　島	24,900	19,900	2,070	510	480	1,270	840	1,550	2,340	10,800	4,980
山　　口	14,700	10,400	1,290	1,090	300	700	1,170	950	2,340	x	4,320
徳　　島	22,900	21,000	1,200	570	650	730	960	4,230	4,760	7,900	1,870
香　　川	21,000	19,600	670	790	270	590	1,140	1,930	3,370	10,900	1,360
愛　　媛	10,100	8,640	1,040	660	380	630	390	1,210	3,060	x	1,500
高　　知	5,890	4,590	360	290	570	860	1,200	x	840	-	1,300
福　　岡	22,100	19,000	1,600	750	670	1,000	1,240	2,200	3,060	8,480	3,090
佐　　賀	52,300	40,700	4,930	1,290	2,190	2,150	7,420	8,430	6,980	7,270	11,700
長　　崎	84,100	44,800	6,350	1,490	880	2,290	3,560	5,390	11,300	13,600	39,300
熊　　本	132,300	94,700	18,100	6,790	1,800	4,670	7,590	16,100	18,000	21,600	37,600
大　　分	51,200	31,200	4,450	1,050	1,550	1,110	1,520	3,660	5,790	12,100	19,900
宮　　崎	244,100	141,100	22,100	2,000	3,530	5,330	9,690	18,700	29,100	50,700	103,000
鹿　児　島	341,000	213,200	34,500	7,870	3,890	7,630	12,800	24,300	43,600	78,700	127,700
沖　　縄	79,700	52,800	33,700	6,100	3,350	2,440	2,000	1,540	1,520	x	26,900
関東農政局	291,600	260,400	16,300	7,100	6,410	10,400	22,400	29,100	52,200	116,500	31,100
東海農政局	102,700	72,800	6,340	2,580	1,420	4,290	10,500	13,100	20,600	14,000	29,900
中国四国農政局	184,200	151,000	12,100	5,870	4,410	7,580	9,810	16,000	28,000	67,300	33,200

54 肉 用 牛

(1) 全国農業地域・都道府県別（続き）

シ 交雑種飼養頭数規模別の飼養戸数

単位：戸

全国農業地域・都道府県	計	交 雑 種 飼 養 頭 数 規 模									交雑種なし
		小 計	1～4頭	5～19	20～29	30～49	50～99	100～199	200～499	500頭以上	
全 国	43,900	3,950	1,620	754	153	193	300	356	341	227	40,000
（全国農業地域）											
北 海 道	2,350	672	287	130	24	30	28	42	51	80	1,680
都 府 県	41,600	3,280	1,340	624	129	163	272	314	290	147	38,300
東 北	11,100	548	282	97	18	24	39	42	27	19	10,500
北 陸	343	108	55	15	9	7	8	5	7	2	235
関 東 ・ 東 山	2,790	848	306	156	36	46	101	79	74	50	1,950
東 海	1,100	376	107	79	15	23	38	49	49	16	727
近 畿	1,500	141	55	30	3	9	13	16	10	5	1,360
中 国	2,430	255	115	48	12	11	18	15	21	15	2,180
四 国	667	202	76	42	7	13	13	26	13	12	465
九 州	19,300	754	306	150	29	29	42	81	89	28	18,600
沖 縄	2,350	43	34	7	－	1	－	1	－	－	2,300
（都道府県）											
北 海 道	2,350	672	287	130	24	30	28	42	51	80	1,680
青 森	824	99	39	20	4	3	5	14	9	5	725
岩 手	4,060	150	92	15	5	1	9	15	6	7	3,910
宮 城	2,960	113	57	26	4	13	7	2	－	4	2,850
秋 田	764	56	39	7	1	1	6	－	2	－	708
山 形	630	36	17	12	3	1	1	1	1	－	594
福 島	1,850	94	38	17	1	5	11	10	9	3	1,750
茨 城	486	95	39	19	1	4	13	7	3	9	391
栃 木	841	177	68	26	5	11	18	13	17	19	664
群 馬	551	249	102	44	13	8	26	26	20	10	302
埼 玉	145	56	21	15	2	4	3	8	2	1	89
千 葉	251	128	26	25	8	9	17	12	22	9	123
東 京	22	2	1	1	－	－	－	－	－	－	20
神 奈 川	59	34	15	6	2	2	3	3	2	1	25
新 潟	191	39	18	4	5	2	2	2	4	2	152
富 山	30	14	4	2	－	2	2	1	3	－	16
石 川	77	37	26	7	3	1	－	－	－	－	40
福 井	45	18	7	2	1	2	4	2	－	－	27
山 梨	63	24	6	5	1	5	2	－	4	1	39
長 野	375	83	28	15	4	3	19	10	4	－	292
岐 阜	481	60	30	15	4	2	4	2	3	－	421
静 岡	118	62	13	6	1	5	6	14	14	3	56
愛 知	351	233	55	52	10	16	27	32	30	11	118
三 重	153	21	9	6	－	－	1	1	2	2	132
滋 賀	91	35	10	7	－	4	3	6	2	3	56
京 都	72	16	12	2	－	1	1	－	－	－	56
大 阪	9	4	2	1	－	－	－	1	－	－	5
兵 庫	1,240	50	13	7	3	3	7	7	8	2	1,190
奈 良	44	24	14	7	－	1	1	1	－	－	20
和 歌 山	52	12	4	6	－	－	1	1	－	－	40
鳥 取	274	49	19	11	1	3	6	6	2	1	225
島 根	847	53	32	11	－	2	3	2	1	2	794
岡 山	411	86	37	15	8	1	3	5	11	6	325
広 島	516	36	13	4	2	5	2	1	4	5	480
山 口	384	31	14	7	1	－	4	1	3	1	353
徳 島	181	82	29	12	3	6	8	15	3	6	99
香 川	170	73	27	21	3	4	1	8	4	5	97
愛 媛	164	30	9	5	－	3	3	3	6	1	134
高 知	152	17	11	4	1	－	1	－	－	－	135
福 岡	198	70	33	17	1	2	3	7	5	2	128
佐 賀	576	28	15	4	－	4	3	1	1	－	548
長 崎	2,370	72	28	13	－	1	2	9	16	3	2,290
熊 本	2,350	236	91	56	13	9	10	26	24	7	2,120
大 分	1,120	72	35	19	1	3	3	4	3	4	1,050
宮 崎	5,360	152	63	23	9	6	10	12	20	9	5,210
鹿 児 島	7,330	124	41	18	5	4	11	22	20	3	7,200
沖 縄	2,350	43	34	7	－	1	－	1	－	－	2,300
関 東 農 政 局	2,910	910	319	162	37	51	107	93	88	53	2,000
東 海 農 政 局	985	314	94	73	14	18	32	35	35	13	671
中国四国農政局	3,100	457	191	90	19	24	31	41	34	27	2,640

ス　交雑種飼養頭数規模別の交雑種飼養頭数

単位：頭

全国農業地域・都道府県	交雑種飼養頭数規模							
	計	1～4頭	5～19	20～29	30～49	50～99	100～199	200～499	500頭以上
全　　　　国	495,400	3,290	7,800	3,900	7,770	22,900	53,800	108,800	287,200
（全国農業地域）									
北　海　道	146,700	550	1,260	610	1,190	1,940	6,330	16,600	118,200
都　府　県	348,800	2,740	6,540	3,290	6,580	21,000	47,500	92,200	169,000
東　　　北	46,000	540	940	490	970	3,120	6,350	8,940	24,700
北　　　陸	7,160	100	160	230	270	580	790	2,290	x
関東・東山	100,700	650	1,660	900	1,850	7,740	12,000	23,200	52,800
東　　　海	40,900	240	820	370	920	2,960	7,110	15,300	13,200
近　　　畿	11,900	130	330	80	390	950	2,430	3,490	4,100
中　　　国	36,200	200	560	290	450	1,290	2,180	6,980	24,200
四　　　国	27,100	170	400	170	470	1,010	3,820	3,850	17,200
九　　　州	78,300	630	1,560	770	1,200	3,330	12,600	28,200	30,000
沖　　　縄	510	90	120	-	x	-	x	-	-
（都道府県）									
北　海　道	146,700	550	1,260	610	1,190	1,940	6,330	16,600	118,200
青　　　森	11,000	90	190	90	110	360	2,100	3,120	4,880
岩　　　手	14,500	150	150	120	x	720	2,330	2,050	8,920
宮　　　城	8,640	100	210	100	510	580	x	-	6,850
秋　　　田	1,410	80	60	x	x	520	-	x	-
山　　　形	1,140	50	170	120	x	x	x	x	-
福　　　島	9,400	70	160	x	220	790	1,410	2,710	4,020
茨　　　城	14,100	70	210	x	170	960	1,030	760	10,900
栃　　　木	28,800	120	280	120	430	1,370	1,980	5,460	19,000
群　　　馬	22,300	230	420	330	330	1,880	3,750	6,440	8,970
埼　　　玉	3,500	50	170	x	170	230	1,330	x	x
千　　　葉	22,700	60	290	190	320	1,400	1,910	7,000	11,500
東　　　京	x	x	x	-	-	-	-	-	-
神　奈　川	2,350	30	60	x	x	240	420	x	x
新　　　潟	5,010	30	60	130	x	x	x	1,530	x
富　　　山	1,170	10	x	-	x	x	x	750	-
石　　　川	230	50	70	80	x	-	-	-	-
福　　　井	750	20	x	x	x	320	x	-	-
山　　　梨	2,480	20	50	x	210	x	-	1,000	x
長　　　野	4,500	60	150	90	120	1,560	1,550	990	-
岐　　　阜	1,850	60	140	100	x	350	x	800	-
静　　　岡	10,500	30	x	x	190	500	2,210	4,220	3,270
愛　　　知	25,700	120	560	250	650	2,040	4,390	9,530	8,120
三　　　重	2,890	20	60	-	x	x	x	x	x
滋　　　賀	3,840	20	70	-	150	180	820	x	1,960
京　　　都	250	30	x	-	x	x	-	-	-
大　　　阪	230	x	x	-	-	-	x	-	-
兵　　　庫	6,960	30	70	80	130	540	1,140	2,840	x
奈　　　良	370	30	80	-	x	x	x	-	-
和　歌　山	240	10	60	-	-	x	x	-	-
鳥　　　取	3,500	40	120	x	120	410	890	x	x
島　　　根	5,030	50	140	-	x	240	x	x	x
岡　　　山	15,400	70	170	200	x	200	720	3,770	10,300
広　　　島	9,900	20	50	x	200	x	x	1,160	8,090
山　　　口	2,310	30	80	x	-	270	x	1,100	x
徳　　　島	11,900	60	110	80	220	600	2,360	780	7,690
香　　　川	11,500	60	200	70	160	x	980	1,080	8,900
愛　　　媛	3,510	20	50	-	100	230	470	1,990	x
高　　　知	180	30	40	x	-	x	-	-	-
福　　　岡	5,000	80	170	x	x	250	1,000	1,490	x
佐　　　賀	1,000	30	50	-	160	290	x	x	-
長　　　崎	11,000	60	130	x	x	x	1,430	4,730	4,460
熊　　　本	22,200	200	620	350	360	770	3,980	7,460	8,510
大　　　分	6,750	90	230	x	120	270	680	1,280	4,060
宮　　　崎	19,400	110	210	230	260	780	1,910	7,010	8,860
鹿　児　島	12,900	70	150	130	170	860	3,460	5,860	2,240
沖　　　縄	510	90	120	-	x	-	x	-	-
関東農政局	111,300	690	1,730	920	2,040	8,240	14,200	27,400	56,100
東海農政局	30,400	200	750	350	730	2,460	4,890	11,100	9,940
中国四国農政局	63,300	370	960	460	930	2,290	5,990	10,800	41,500

注：飼養者が飼養している交雑種の頭数である。

56 肉用牛

(1) 全国農業地域・都道府県別（続き）

セ　ホルスタイン種他飼養頭数規模別の飼養戸数

全国農業地域・都道府県	計	ホルスタイン種他飼養頭数規模									ホルスタイン種他なし
		小　計	1～4頭	5～19	20～29	30～49	50～99	100～199	200～499	500頭以上	
全　　　国	43,900	1,660	891	228	47	55	69	107	138	129	42,300
（全国農業地域）											
北　海　道	2,350	504	215	53	12	20	19	35	59	91	1,850
都　府　県	41,600	1,160	676	175	35	35	50	72	79	38	40,400
東　　　北	11,100	206	124	25	2	6	9	17	16	7	10,900
北　　　陸	343	37	20	7	2	1	2	1	2	2	306
関 東・東 山	2,790	292	173	47	9	9	7	15	17	15	2,500
東　　　海	1,100	110	74	16	2	2	4	7	3	2	993
近　　　畿	1,500	46	24	13	4	1	3	-	1	-	1,460
中　　　国	2,430	105	53	16	3	4	6	6	12	5	2,330
四　　　国	667	74	33	15	3	4	3	7	9	-	593
九　　　州	19,300	276	163	34	10	8	16	19	19	7	19,000
沖　　　縄	2,350	14	12	2	-	-	-	-	-	-	2,330
（都道府県）											
北　海　道	2,350	504	215	53	12	20	19	35	59	91	1,850
青　　　森	824	56	16	8	-	1	3	9	13	6	768
岩　　　手	4,060	57	41	5	-	3	-	5	2	1	4,010
宮　　　城	2,960	40	28	4	2	-	3	2	1	-	2,920
秋　　　田	764	14	11	1	-	1	1	-	-	-	750
山　　　形	630	17	14	1	-	-	2	-	-	-	613
福　　　島	1,850	22	14	6	-	1	-	1	-	-	1,830
茨　　　城	486	41	23	8	2	1	1	1	1	4	445
栃　　　木	841	69	37	11	2	3	-	6	4	6	772
群　　　馬	551	67	45	9	3	2	2	3	2	1	484
埼　　　玉	145	25	14	3	1	1	-	1	3	2	120
千　　　葉	251	55	31	8	1	-	3	3	6	2	196
東　　　京	22	1	-	1	-	-	-	-	-	-	21
神　奈　川	59	12	9	2	-	-	1	-	-	-	47
新　　　潟	191	13	4	2	1	1	1	-	2	2	178
富　　　山	30	7	5	1	-	-	1	-	-	-	23
石　　　川	77	10	6	2	1	-	-	1	-	-	67
福　　　井	45	7	5	2	-	-	-	-	-	-	38
山　　　梨	63	6	4	1	-	-	-	1	-	-	57
長　　　野	375	16	10	4	-	1	-	-	1	-	359
岐　　　阜	481	16	14	2	-	-	-	-	-	-	465
静　　　岡	118	13	8	-	-	1	1	2	-	1	105
愛　　　知	351	75	48	13	2	1	2	5	3	1	276
三　　　重	153	6	4	1	-	-	1	-	-	-	147
滋　　　賀	91	6	2	2	-	-	-	-	-	-	85
京　　　都	72	5	3	1	1	-	-	-	-	-	67
大　　　阪	9	4	3	-	-	1	-	-	-	-	5
兵　　　庫	1,240	20	9	7	1	-	2	-	1	-	1,220
奈　　　良	44	7	6	-	1	-	-	-	-	-	37
和　歌　山	52	4	1	3	-	-	-	-	-	-	48
鳥　　　取	274	26	9	1	2	2	5	2	3	2	248
島　　　根	847	23	15	5	-	-	-	1	1	1	824
岡　　　山	411	30	12	7	1	2	1	1	4	2	381
広　　　島	516	17	11	1	-	-	-	2	3	-	499
山　　　口	384	9	6	2	-	-	-	-	-	1	375
徳　　　島	181	22	9	4	2	2	1	2	2	-	159
香　　　川	170	23	13	5	1	-	1	1	2	-	147
愛　　　媛	164	18	5	4	-	2	1	4	2	-	146
高　　　知	152	11	6	2	-	-	-	-	3	-	141
福　　　岡	198	27	17	4	1	1	-	-	2	2	171
佐　　　賀	576	5	4	-	-	1	-	-	-	-	571
長　　　崎	2,370	19	5	2	2	3	3	2	2	-	2,350
熊　　　本	2,350	94	60	15	-	2	5	4	6	2	2,260
大　　　分	1,120	40	28	3	1	-	2	1	3	2	1,080
宮　　　崎	5,360	52	31	4	4	-	4	6	2	1	5,310
鹿　児　島	7,330	39	18	6	2	1	2	6	4	-	7,290
沖　　　縄	2,350	14	12	2	-	-	-	-	-	-	2,330
関 東 農 政 局	2,910	305	181	47	9	10	8	17	17	16	2,610
東 海 農 政 局	985	97	66	16	2	1	3	5	3	1	888
中国四国農政局	3,100	179	86	31	6	8	9	13	21	5	2,920

注：　「ホルスタイン種他」とは、交雑種を除く肉用目的に飼養している乳用種のおす牛及び未経産のめす牛をいう（以下ソにおいて同じ。）。

ソ　ホルスタイン種他飼養頭数規模別のホルスタイン種他飼養頭数

単位：頭

全国農業地域・都道府県	計	1～4頭	5～19	20～29	30～49	50～99	100～199	200～499	500頭以上
全国	267,900	1,710	2,440	1,230	2,320	5,440	16,600	47,200	190,900
(全国農業地域)									
北海道	182,000	390	540	300	850	1,490	5,430	21,000	152,000
都府県	85,900	1,320	1,900	920	1,480	3,950	11,200	26,200	39,000
東北	18,200	250	280	x	280	740	2,660	5,360	8,560
北陸	2,580	30	50	x	x	x	x	x	x
関東・東山	25,500	320	550	240	390	490	2,180	4,900	16,400
東海	5,030	150	170	x	x	350	1,140	1,440	x
近畿	1,070	60	140	120	x	240	-	x	x
中国	10,000	80	180	60	140	450	880	4,010	4,200
四国	4,290	70	160	70	150	260	1,100	2,500	-
九州	19,200	320	340	270	350	1,300	3,060	6,780	6,800
沖縄	80	50	x	-	-	-	-	-	-
(都道府県)									
北海道	182,000	390	540	300	850	1,490	5,430	21,000	152,000
青森	13,800	30	80	-	x	210	1,210	4,400	7,800
岩手	2,580	80	50	-	140	-	860	x	x
宮城	1,090	50	40	x	-	260	x	x	-
秋田	140	20	x	-	-	x	-	-	-
山形	250	40	x	-	-	x	-	-	-
福島	350	30	80	-	x	-	x	-	-
茨城	5,580	50	90	x	x	x	x	x	4,920
栃木	8,800	60	110	x	130	-	780	1,240	6,420
群馬	2,170	70	110	90	x	x	500	x	x
埼玉	2,540	20	40	x	x	-	x	870	x
千葉	5,660	60	80	x	x	210	480	1,740	x
東京	x	-	x	-	-	-	-	-	-
神奈川	130	20	x	-	-	x	-	-	-
新潟	2,250	10	x	x	x	x	-	x	x
富山	80	10	x	-	-	x	-	-	-
石川	220	10	x	x	-	-	x	-	-
福井	30	20	x	-	-	-	-	-	-
山梨	190	10	x	-	-	-	-	x	-
長野	400	30	50	-	x	-	-	x	-
岐阜	80	40	x	-	-	-	-	-	-
静岡	1,220	10	-	-	x	x	x	-	x
愛知	3,590	90	120	x	x	x	820	1,440	x
三重	130	10	x	-	-	x	-	-	-
滋賀	120	x	x	x	-	x	-	-	-
京都	70	10	x	x	-	-	-	-	-
大阪	60	10	-	-	x	-	-	-	-
兵庫	760	30	80	x	x	210	-	x	-
奈良	40	10	-	x	-	-	-	-	-
和歌山	30	x	30	-	-	-	-	-	-
鳥取	4,060	10	x	x	x	370	x	1,210	x
島根	1,060	20	60	-	-	-	x	x	x
岡山	3,240	20	70	x	x	x	x	1,250	x
広島	1,190	10	x	-	-	x	x	910	-
山口	460	10	x	-	-	-	-	x	-
徳島	1,270	10	50	x	x	x	x	x	-
香川	820	30	60	x	-	x	x	x	-
愛媛	1,400	10	30	-	x	x	650	x	-
高知	800	10	x	-	-	-	-	780	-
福岡	2,810	30	40	x	x	-	x	x	x
佐賀	60	10	-	-	x	-	-	-	-
長崎	1,320	10	x	x	120	240	x	x	x
熊本	5,390	130	140	-	x	420	750	1,840	x
大分	4,450	50	30	x	-	x	x	1,310	x
宮崎	2,690	60	30	100	-	320	930	x	x
鹿児島	2,480	30	80	x	-	x	920	1,160	-
沖縄	80	50	x	-	-	-	-	-	-
関東農政局	26,700	330	550	240	430	590	2,500	4,900	17,200
東海農政局	3,800	140	170	x	x	250	820	1,440	x
中国四国農政局	14,300	150	340	130	290	710	1,980	6,510	4,200

注：飼養者が飼養しているホルスタイン種他の頭数である。

58 肉 用 牛

(1) 全国農業地域・都道府県別（続き）

タ 飼養状態別飼養戸数

単位：戸

全国農業地域・都道府県	計	肉 用 種 飼 養					乳 用 種 飼 養			
		小 計	子牛生産	肥育用牛飼養	育成牛飼養	その他の飼養	小 計	育成牛飼養	肥育牛飼養	その他の飼養
全 国	43,900	41,700	34,000	3,120	373	4,260	2,210	336	538	1,340
（全国農業地域）										
北 海 道	2,350	1,940	1,490	78	21	359	410	39	68	303
都 府 県	41,600	39,800	32,500	3,040	352	3,900	1,800	297	470	1,030
東 北	11,100	10,900	9,090	884	92	791	239	26	84	129
北 陸	343	286	149	58	30	49	57	9	15	33
関 東 ・ 東 山	2,790	2,280	1,470	422	37	354	514	53	147	314
東 海	1,100	826	422	243	20	141	277	58	59	160
近 畿	1,500	1,430	1,070	176	9	169	78	16	20	42
中 国	2,430	2,290	1,980	105	30	180	140	27	33	80
四 国	667	518	304	90	7	117	149	48	23	78
九 州	19,300	19,000	16,500	990	112	1,370	343	60	86	197
沖 縄	2,350	2,340	1,530	69	15	733	4	-	3	1
（都道府県）										
北 海 道	2,350	1,940	1,490	78	21	359	410	39	68	303
青 森	824	751	622	32	9	88	73	3	29	41
岩 手	4,060	4,000	3,480	224	44	261	59	8	18	33
宮 城	2,960	2,930	2,410	303	21	196	31	6	6	19
秋 田	764	751	644	46	9	52	13	2	3	8
山 形	630	615	351	172	4	88	15	4	5	6
福 島	1,850	1,800	1,580	107	5	106	48	3	23	22
茨 城	486	429	273	99	5	52	57	8	13	36
栃 木	841	745	509	111	4	121	96	6	32	58
群 馬	551	401	259	74	9	59	150	24	42	84
埼 玉	145	109	74	16	-	19	36	1	13	22
千 葉	251	152	98	27	5	22	99	10	27	62
東 京	22	21	15	3	-	3	1		-	1
神 奈 川	59	41	18	14	1	8	18	1	8	9
新 潟	191	167	102	33	3	29	24	3	8	13
富 山	30	22	9	6	-	7	8	-	1	7
石 川	77	67	26	14	21	6	10	3	2	5
福 井	45	30	12	5	6	7	15	3	4	8
山 梨	63	47	21	11	-	15	16		5	11
長 野	375	334	199	67	13	55	41	3	7	31
岐 阜	481	461	284	93	3	81	20	3	9	8
静 岡	118	68	21	30	-	17	50	3	10	37
愛 知	351	155	101	14	17	23	196	52	34	110
三 重	153	142	16	106	-	20	11	-	6	5
滋 賀	91	74	8	35	1	30	17	1	5	11
京 都	72	67	49	11	-	7	5	2	2	1
大 阪	9	7	-	5	-	2	2		-	2
兵 庫	1,240	1,200	979	104	1	117	34	1	9	24
奈 良	44	30	13	9	5	3	14	11	2	1
和 歌 山	52	46	22	12	2	10	6	1	2	3
鳥 取	274	245	191	18	2	34	29	1	2	26
島 根	847	816	741	36	11	28	31	20	6	5
岡 山	411	369	313	15	6	35	42	3	16	23
広 島	516	493	429	20	6	38	23	2	6	15
山 口	384	369	303	16	5	45	15	1	3	11
徳 島	181	119	56	26	2	35	62	15	16	31
香 川	170	118	60	26	3	29	52	23	5	24
愛 媛	164	141	88	26	-	27	23	4	1	18
高 知	152	140	100	12	2	26	12	6	1	5
福 岡	198	155	83	32	4	36	43	18	5	20
佐 賀	576	572	362	127	5	78	4	-	2	2
長 崎	2,370	2,330	2,110	116	12	90	39	2	17	20
熊 本	2,350	2,260	1,890	134	15	216	97	19	17	61
大 分	1,120	1,090	970	46	8	64	35	7	8	20
宮 崎	5,360	5,300	4,800	195	22	279	65	8	20	37
鹿 児 島	7,330	7,270	6,280	340	46	603	60	6	17	37
沖 縄	2,350	2,340	1,530	69	15	733	4	-	3	1
関 東 農 政 局	2,910	2,350	1,490	452	37	371	564	56	157	351
東 海 農 政 局	985	758	401	213	20	124	227	55	49	123
中国四国農政局	3,100	2,810	2,280	195	37	297	289	75	56	158

チ　飼養状態別飼養頭数

単位：頭

全国農業地域・都道府県	計	肉 用 種 飼 養					乳 用 種 飼 養			
		小　計	子牛生産	肥育用牛飼養	育成牛飼養	その他の飼養	小　計	育成牛飼養	肥育牛飼養	その他の飼養
全　　国	2,555,000	1,799,000	668,600	440,700	3,230	686,300	756,300	4,910	64,900	686,500
（全国農業地域）										
北　海　道	524,700	196,700	75,500	35,600	360	85,200	328,000	630	13,100	314,200
都　府　県	2,031,000	1,602,000	593,200	405,100	2,870	601,100	428,300	4,270	51,800	372,300
東　　北	334,500	273,000	116,800	47,600	380	108,300	61,500	320	9,400	51,800
北　　陸	21,700	11,600	3,420	4,150	190	3,870	10,000	40	1,610	8,390
関 東・東 山	272,400	144,600	35,000	53,600	510	55,500	127,800	940	15,600	111,300
東　　海	121,800	76,900	13,400	35,800	380	27,400	44,900	470	5,630	38,800
近　　畿	89,100	79,200	17,400	27,400	50	34,300	9,980	210	720	9,040
中　　国	124,300	78,800	28,700	14,100	60	35,900	45,500	780	1,680	43,100
四　　国	59,900	26,900	5,880	7,050	20	14,000	32,900	490	3,150	29,300
九　　州	927,100	831,500	345,400	214,200	1,260	270,600	95,600	1,030	14,000	80,600
沖　　縄	79,700	79,700	27,100	1,200	30	51,300	40	-	20	x
（都道府県）										
北　海　道	524,700	196,700	75,500	35,600	360	85,200	328,000	630	13,100	314,200
青　　森	53,700	26,100	12,600	1,880	10	11,600	27,600	10	4,230	23,300
岩　　手	91,100	74,600	38,600	8,200	90	27,700	16,500	70	1,920	14,500
宮　　城	80,900	75,000	31,500	15,500	170	27,800	5,880	150	230	5,490
秋　　田	19,400	18,300	8,370	2,890	20	7,000	1,080	x	340	730
山　　形	40,200	39,500	6,890	9,730	80	22,800	760	40	480	230
福　　島	49,300	39,600	18,800	9,360	10	11,400	9,710	40	2,190	7,480
茨　　城	50,200	29,400	4,310	12,600	190	12,300	20,800	230	220	20,300
栃　　木	79,800	40,100	14,000	8,850	90	17,200	39,700	20	7,520	32,100
群　　馬	54,800	32,300	8,360	14,300	60	9,560	22,500	140	2,500	19,900
埼　　玉	17,000	11,300	1,750	7,010	-	2,570	5,700	x	1,260	4,400
千　　葉	39,600	9,600	2,330	2,600	100	4,570	30,000	360	2,570	27,100
東　　京	630	620	200	290	-	130	x	-	-	x
神　奈　川	4,880	2,680	310	600	x	1,760	2,200	x	270	1,840
新　　潟	12,600	5,200	1,680	1,440	10	2,070	7,360	0	1,210	6,150
富　　山	3,560	2,100	810	420	-	880	1,460	-	x	1,390
石　　川	3,400	3,090	630	1,800	150	500	320	20	x	290
福　　井	2,140	1,240	300	480	40	420	910	10	330	570
山　　梨	4,860	1,990	650	430	-	910	2,870	-	810	2,070
長　　野	20,600	16,600	3,140	6,940	60	6,450	4,050	50	440	3,570
岐　　阜	32,200	30,700	7,930	9,320	20	13,500	1,530	20	420	1,090
静　　岡	19,200	7,300	580	4,260	-	2,460	11,800	10	940	10,900
愛　　知	41,200	11,500	3,770	1,840	360	5,560	29,700	440	3,990	25,300
三　　重	29,200	27,400	1,150	20,300	-	5,910	1,830		280	1,550
滋　　賀	20,000	16,900	80	7,640	x	9,160	3,110	x	220	2,880
京　　都	5,800	5,700	880	1,670	-	3,150	100	x	x	x
大　　阪	760	550	-	410	-	x	x	-	-	x
兵　　庫	55,700	49,500	14,500	16,100	x	18,900	6,160	x	450	5,690
奈　　良	4,230	4,070	1,360	330	20	2,360	160	120	x	x
和　歌　山	2,680	2,430	590	1,220	x	610	250	x	x	170
鳥　　取	19,900	11,700	3,500	2,370	x	5,840	8,140	x	x	8,000
島　　根	31,500	28,800	10,000	4,160	20	14,600	2,710	470	20	2,230
岡　　山	33,300	13,300	5,260	1,370	20	6,700	20,000	170	1,340	18,500
広　　島	24,900	12,500	5,270	2,730	10	4,530	12,300	x	140	12,000
山　　口	14,700	12,400	4,630	3,450	10	4,290	2,340	x	40	2,300
徳　　島	22,900	9,720	1,570	2,940	x	5,200	13,100	70	2,760	10,300
香　　川	21,000	6,800	1,440	1,460	10	3,890	14,200	270	390	13,500
愛　　媛	10,100	5,430	1,420	1,780	-	2,230	4,700	120	x	4,580
高　　知	5,890	5,000	1,440	870	x	2,680	890	30	x	850
福　　岡	22,100	13,800	3,470	7,000	20	3,310	8,290	130	1,300	6,860
佐　　賀	52,300	51,800	10,700	23,500	30	17,500	580	-	x	x
長　　崎	84,100	71,500	40,200	17,100	380	13,800	12,600	x	2,720	9,910
熊　　本	132,300	103,600	43,300	19,900	60	40,300	28,600	320	2,480	25,800
大　　分	51,200	40,600	20,800	11,000	20	8,740	10,600	60	380	10,100
宮　　崎	244,100	223,800	103,200	45,000	370	75,100	20,400	260	3,180	16,900
鹿　児　島	341,000	326,500	123,700	90,600	380	111,800	14,500	260	3,760	10,500
沖　　縄	79,700	79,700	27,100	1,200	30	51,300	40	-	20	x
関 東 農 政 局	291,600	151,900	35,600	57,900	510	57,900	139,600	950	16,500	122,200
東 海 農 政 局	102,700	69,600	12,800	31,500	380	24,900	33,100	450	4,690	27,900
中国四国農政局	184,200	105,700	34,600	21,100	90	49,900	78,400	1,270	4,830	72,300

60 肉 用 牛

(1) 全国農業地域・都道府県別（続き）

ツ 肉用種月別出生頭数（めす・おす計）

全 国 農 業 地 域 ・ 都 道 府 県		計	平成30年 8月	9	10	11	12
全　　　　国	(1)	535,400	46,100	43,300	41,400	41,000	44,300
（全国農業地域）							
北 海 道	(2)	77,900	6,780	6,220	6,250	6,370	6,030
都 府 県	(3)	457,500	39,300	37,000	35,200	34,700	38,200
東 北	(4)	81,600	7,180	6,660	6,000	5,780	6,380
北 陸	(5)	3,250	290	280	250	240	290
関 東 ・ 東 山	(6)	35,400	3,040	2,990	2,640	2,840	3,110
東 海	(7)	14,500	1,180	1,180	1,130	1,070	1,220
近 畿	(8)	14,800	1,210	1,100	1,100	1,000	1,100
中 国	(9)	23,700	2,110	1,830	1,830	1,630	1,880
四 国	(10)	6,090	530	490	460	460	510
九 州	(11)	246,700	21,000	19,900	19,100	19,100	21,100
沖 縄	(12)	31,400	2,720	2,610	2,670	2,570	2,640
（都道府県）							
北 海 道	(13)	77,900	6,780	6,220	6,250	6,370	6,030
青 森	(14)	9,090	780	760	640	630	660
岩 手	(15)	28,500	2,580	2,290	2,050	1,940	2,110
宮 城	(16)	21,800	1,850	1,790	1,640	1,600	1,790
秋 田	(17)	5,610	490	430	430	380	430
山 形	(18)	4,850	370	420	340	360	410
福 島	(19)	11,800	1,110	980	890	870	970
茨 城	(20)	5,000	470	430	340	380	430
栃 木	(21)	13,300	1,170	1,100	970	1,090	1,180
群 馬	(22)	7,840	610	680	600	600	670
埼 玉	(23)	1,380	120	130	120	100	100
千 葉	(24)	3,240	270	230	250	280	330
東 京	(25)	120	10	20	10	10	10
神 奈 川	(26)	510	40	50	30	50	50
新 潟	(27)	1,440	140	120	110	110	130
富 山	(28)	680	50	50	50	40	60
石 川	(29)	840	90	70	60	70	80
福 井	(30)	290	10	40	30	20	20
山 梨	(31)	680	50	70	50	60	60
長 野	(32)	3,390	300	290	270	290	290
岐 阜	(33)	7,530	630	640	570	550	600
静 岡	(34)	1,150	100	110	80	100	90
愛 知	(35)	3,950	290	300	340	290	370
三 重	(36)	1,820	160	140	140	120	160
滋 賀	(37)	1,510	120	140	130	120	130
京 都	(38)	650	40	60	50	40	70
大 阪	(39)	60	-	10	10	10	0
兵 庫	(40)	11,600	960	790	820	750	810
奈 良	(41)	530	50	70	30	40	30
和 歌 山	(42)	510	40	40	60	50	50
鳥 取	(43)	3,370	340	270	240	190	250
島 根	(44)	7,790	640	600	590	500	650
岡 山	(45)	5,070	470	360	370	410	420
広 島	(46)	4,110	340	320	320	300	310
山 口	(47)	3,410	320	280	310	230	250
徳 島	(48)	1,770	130	140	150	140	140
香 川	(49)	1,650	140	130	120	140	150
愛 媛	(50)	1,250	100	90	90	90	110
高 知	(51)	1,420	160	130	100	90	120
福 岡	(52)	3,310	260	250	290	270	340
佐 賀	(53)	8,430	660	710	640	650	750
長 崎	(54)	24,200	2,000	1,830	1,810	1,750	2,080
熊 本	(55)	34,500	3,030	2,790	2,660	2,590	2,930
大 分	(56)	13,600	1,140	1,140	1,060	980	1,080
宮 崎	(57)	70,100	6,120	5,780	5,430	5,410	5,880
鹿 児 島	(58)	92,600	7,820	7,390	7,220	7,410	8,060
沖 縄	(59)	31,400	2,720	2,610	2,670	2,570	2,640
関 東 農 政 局	(60)	36,600	3,140	3,100	2,720	2,940	3,200
東 海 農 政 局	(61)	13,300	1,080	1,070	1,050	970	1,130
中国四国農政局	(62)	29,800	2,640	2,330	2,290	2,080	2,390

注: この統計表は、集計期日（令和2年2月1日現在）において牛個体識別全国データベースにより得られた情報から、算出可能な期間
（平成30年8月から令和元年7月まで）の数値を整理したものである（以下テ及びトにおいて同じ。）。

単位：頭

平成31年 1 月	2	3	4	令和元年 5 月	6	7	
45,900	42,000	47,900	45,300	46,700	44,900	46,600	(1)
6,300	5,770	6,740	6,700	6,890	6,770	7,130	(2)
39,600	36,300	41,100	38,600	39,900	38,200	39,400	(3)
6,860	6,240	7,460	7,510	7,270	6,900	7,340	(4)
290	230	290	260	240	270	330	(5)
3,130	2,710	3,070	2,960	2,890	2,930	3,110	(6)
1,260	1,190	1,300	1,150	1,240	1,280	1,260	(7)
1,320	1,290	1,430	1,360	1,360	1,210	1,360	(8)
1,990	1,880	2,170	1,950	2,150	2,070	2,270	(9)
520	440	600	530	550	460	550	(10)
21,600	19,800	22,200	20,300	21,400	20,600	20,700	(11)
2,710	2,510	2,620	2,550	2,800	2,480	2,500	(12)
6,300	5,770	6,740	6,700	6,890	6,770	7,130	(13)
710	610	810	920	860	860	850	(14)
2,340	2,290	2,910	2,750	2,560	2,250	2,390	(15)
1,950	1,670	1,830	1,860	1,910	1,880	1,990	(16)
440	430	530	520	520	500	530	(17)
410	350	420	440	440	420	460	(18)
1,020	890	960	1,010	980	980	1,130	(19)
450	400	450	380	400	410	470	(20)
1,130	1,000	1,110	1,130	1,100	1,100	1,200	(21)
740	630	750	670	630	620	650	(22)
120	130	120	120	110	110	100	(23)
320	230	260	270	210	270	320	(24)
10	10	10	10	10	10	10	(25)
40	40	50	40	50	30	50	(26)
120	100	120	130	110	140	120	(27)
70	60	70	50	50	30	100	(28)
70	60	70	60	60	70	80	(29)
30	20	20	20	20	30	20	(30)
60	40	70	50	60	60	50	(31)
260	240	260	300	320	310	270	(32)
650	610	700	610	610	680	680	(33)
100	100	120	80	90	80	90	(34)
360	330	320	310	340	350	350	(35)
150	150	180	140	190	170	140	(36)
120	130	130	140	120	100	130	(37)
60	50	50	70	50	50	60	(38)
10	10	0	0	－	0	0	(39)
1,040	1,030	1,150	1,040	1,120	980	1,080	(40)
40	40	50	60	50	30	50	(41)
50	30	40	50	30	40	50	(42)
270	250	340	290	290	300	350	(43)
610	610	740	670	750	700	730	(44)
450	410	420	410	450	430	480	(45)
350	330	370	340	370	350	410	(46)
320	270	300	240	290	290	310	(47)
160	150	190	170	160	130	130	(48)
150	110	130	120	160	130	170	(49)
100	90	130	120	100	100	110	(50)
110	90	140	130	130	90	130	(51)
290	290	320	220	260	260	250	(52)
720	720	760	680	740	680	730	(53)
2,250	2,030	2,300	2,030	2,050	2,070	2,020	(54)
3,040	2,690	3,090	2,900	2,920	2,870	2,960	(55)
1,160	1,080	1,270	1,110	1,230	1,120	1,200	(56)
6,110	5,470	6,230	5,830	6,070	5,900	5,890	(57)
7,980	7,520	8,230	7,550	8,100	7,670	7,680	(58)
2,710	2,510	2,620	2,550	2,800	2,480	2,500	(59)
3,230	2,810	3,180	3,050	2,990	3,000	3,190	(60)
1,160	1,090	1,190	1,070	1,150	1,200	1,170	(61)
2,510	2,320	2,770	2,470	2,690	2,520	2,820	(62)

（1）　全国農業地域・都道府県別（続き）

テ　肉用種月別出生頭数（めす）

全 国 農 業 地 域 ・ 都 道 府 県		計	平成30年 8月	9	10	11	12
全　　　　国	(1)	254,000	21,900	20,400	19,600	19,200	21,000
(全国農業地域)							
北　海　道	(2)	36,300	3,160	2,870	2,850	2,980	2,800
都　府　県	(3)	217,700	18,700	17,500	16,700	16,300	18,200
東　　　北	(4)	38,600	3,400	3,080	2,870	2,640	3,080
北　　　陸	(5)	1,520	130	130	120	110	150
関 東 ・ 東 山	(6)	16,400	1,410	1,410	1,210	1,290	1,420
東　　　海	(7)	6,610	550	560	510	480	550
近　　　畿	(8)	7,110	590	500	490	480	500
中　　　国	(9)	10,900	990	820	830	760	880
四　　　国	(10)	2,840	260	230	210	220	250
九　　　州	(11)	118,800	10,100	9,530	9,220	9,060	10,200
沖　　　縄	(12)	14,800	1,290	1,270	1,280	1,220	1,220
(都道府県)							
北　海　道	(13)	36,300	3,160	2,870	2,850	2,980	2,800
青　　　森	(14)	4,270	380	350	300	280	320
岩　　　手	(15)	13,500	1,230	1,040	1,000	870	1,030
宮　　　城	(16)	10,300	840	830	780	720	870
秋　　　田	(17)	2,710	240	210	220	180	210
山　　　形	(18)	2,280	170	190	160	170	210
福　　　島	(19)	5,620	550	460	410	430	460
茨　　　城	(20)	2,350	230	220	170	160	200
栃　　　木	(21)	6,200	530	500	430	490	540
群　　　馬	(22)	3,610	280	320	270	300	300
埼　　　玉	(23)	650	60	70	60	40	50
千　　　葉	(24)	1,390	120	110	100	110	150
東　　　京	(25)	60	0	10	0	0	10
神　奈　川	(26)	230	20	20	20	20	30
新　　　潟	(27)	660	60	60	50	60	60
富　　　山	(28)	290	20	20	30	20	20
石　　　川	(29)	410	40	30	40	30	50
福　　　井	(30)	150	10	20	10	10	20
山　　　梨	(31)	330	20	30	30	30	30
長　　　野	(32)	1,610	150	140	140	140	130
岐　　　阜	(33)	3,560	310	320	260	270	280
静　　　岡	(34)	470	40	50	40	40	40
愛　　　知	(35)	1,660	120	120	150	130	160
三　　　重	(36)	920	80	70	70	50	80
滋　　　賀	(37)	700	60	60	70	50	60
京　　　都	(38)	320	20	30	20	20	30
大　　　阪	(39)	20	−	0	0	0	0
兵　　　庫	(40)	5,610	480	360	370	360	380
奈　　　良	(41)	210	20	30	10	20	10
和　歌　山	(42)	250	20	20	30	30	20
鳥　　　取	(43)	1,560	160	110	100	90	130
島　　　根	(44)	3,610	310	260	270	240	300
岡　　　山	(45)	2,300	220	160	170	180	190
広　　　島	(46)	1,880	160	160	150	150	140
山　　　口	(47)	1,590	160	130	130	100	120
徳　　　島	(48)	850	70	70	70	70	70
香　　　川	(49)	740	70	50	50	60	80
愛　　　媛	(50)	590	50	50	40	50	50
高　　　知	(51)	670	80	60	40	40	50
福　　　岡	(52)	1,560	120	110	130	130	150
佐　　　賀	(53)	4,030	320	330	290	320	390
長　　　崎	(54)	11,400	950	870	860	800	930
熊　　　本	(55)	16,000	1,380	1,310	1,220	1,150	1,340
大　　　分	(56)	6,560	540	570	500	470	530
宮　　　崎	(57)	33,800	2,930	2,740	2,660	2,570	2,870
鹿　児　島	(58)	45,400	3,900	3,600	3,570	3,620	3,970
沖　　　縄	(59)	14,800	1,290	1,270	1,280	1,220	1,220
関 東 農 政 局	(60)	16,900	1,450	1,460	1,250	1,330	1,450
東 海 農 政 局	(61)	6,140	510	510	470	440	520
中国四国農政局	(62)	13,800	1,250	1,050	1,040	980	1,130

単位：頭

平成31年 1 月	2	3	4	令和元年 5 月	6	7	
21,800	20,000	22,800	21,600	22,200	21,500	22,100	(1)
2,950	2,650	3,180	3,100	3,230	3,170	3,360	(2)
18,800	17,300	19,600	18,500	18,900	18,300	18,700	(3)
3,170	2,980	3,580	3,570	3,440	3,340	3,460	(4)
130	110	140	120	110	120	150	(5)
1,470	1,230	1,450	1,360	1,360	1,390	1,420	(6)
590	560	580	540	550	590	550	(7)
670	630	690	640	620	640	660	(8)
930	830	980	900	1,000	940	1,060	(9)
230	210	280	240	250	210	250	(10)
10,400	9,620	10,700	9,910	10,300	9,870	9,950	(11)
1,270	1,150	1,230	1,190	1,330	1,240	1,180	(12)
2,950	2,650	3,180	3,100	3,230	3,170	3,360	(13)
330	300	390	440	400	410	380	(14)
1,070	1,090	1,410	1,320	1,210	1,080	1,120	(15)
900	810	890	870	930	890	940	(16)
210	200	250	240	230	260	250	(17)
190	140	190	210	210	210	240	(18)
470	440	460	490	460	490	530	(19)
220	170	220	180	190	200	200	(20)
530	480	540	550	530	520	550	(21)
340	280	350	290	290	300	310	(22)
60	60	60	60	60	50	40	(23)
140	100	110	100	80	130	140	(24)
10	0	0	10	10	10	0	(25)
20	20	10	20	20	20	20	(26)
60	40	60	60	50	60	50	(27)
30	20	30	20	20	20	50	(28)
30	30	40	30	30	30	40	(29)
20	10	10	10	10	20	20	(30)
30	20	40	20	30	30	30	(31)
130	100	130	130	160	140	130	(32)
320	290	310	280	280	330	310	(33)
40	50	40	40	30	30	40	(34)
160	150	120	140	150	140	130	(35)
80	70	100	80	90	100	70	(36)
50	50	60	70	50	50	70	(37)
30	30	30	40	20	40	30	(38)
10	0	0	－	－	0	0	(39)
540	510	560	490	520	510	530	(40)
10	10	20	30	20	20	20	(41)
20	20	20	30	10	20	20	(42)
120	110	160	140	120	140	180	(43)
280	280	330	330	370	300	350	(44)
200	160	200	180	210	190	240	(45)
170	150	160	150	180	160	170	(46)
170	120	140	110	130	150	130	(47)
70	60	90	80	80	60	60	(48)
60	50	70	50	80	60	80	(49)
50	40	60	60	40	50	50	(50)
50	60	60	50	60	50	70	(51)
140	130	150	110	140	130	130	(52)
360	340	350	310	390	290	360	(53)
1,060	950	1,100	1,010	920	1,020	970	(54)
1,420	1,280	1,470	1,330	1,380	1,340	1,360	(55)
570	530	590	540	590	550	580	(56)
2,910	2,670	3,050	2,880	2,900	2,840	2,810	(57)
3,930	3,700	4,000	3,730	3,970	3,710	3,740	(58)
1,270	1,150	1,230	1,190	1,330	1,240	1,180	(59)
1,510	1,280	1,500	1,400	1,390	1,420	1,460	(60)
550	510	540	500	520	560	520	(61)
1,160	1,040	1,260	1,140	1,260	1,150	1,320	(62)

(1) 全国農業地域・都道府県別（続き）

ト 肉用種月別出生頭数（おす）

全 国 農 業 地 域 ・ 都 道 府 県		計	平成30年 8月	9	10	11	12
全 国	(1)	281,300	24,200	22,900	21,800	21,800	23,200
(全国農業地域)							
北 海 道	(2)	41,600	3,620	3,350	3,400	3,380	3,230
都 府 県	(3)	239,700	20,500	19,500	18,400	18,400	20,000
東 北	(4)	43,000	3,780	3,580	3,130	3,140	3,300
北 陸	(5)	1,730	160	150	130	130	140
関 東 ・ 東 山	(6)	19,000	1,630	1,590	1,430	1,550	1,690
東 海	(7)	7,840	630	620	620	590	670
近 畿	(8)	7,720	620	600	610	530	600
中 国	(9)	12,800	1,120	1,020	1,000	860	1,000
四 国	(10)	3,240	270	260	250	240	260
九 州	(11)	127,900	10,900	10,400	9,870	10,000	10,900
沖 縄	(12)	16,500	1,430	1,330	1,390	1,350	1,420
(都道府県)							
北 海 道	(13)	41,600	3,620	3,350	3,400	3,380	3,230
青 森	(14)	4,820	410	410	340	340	350
岩 手	(15)	15,000	1,350	1,250	1,050	1,080	1,090
宮 城	(16)	11,500	1,010	960	860	890	930
秋 田	(17)	2,910	240	220	220	190	220
山 形	(18)	2,570	200	230	190	200	200
福 島	(19)	6,170	560	520	480	450	520
茨 城	(20)	2,650	240	210	180	220	230
栃 木	(21)	7,070	640	590	530	590	650
群 馬	(22)	4,230	330	370	330	300	380
埼 玉	(23)	720	60	70	60	60	50
千 葉	(24)	1,840	150	120	150	160	180
東 京	(25)	70	10	10	10	10	10
神 奈 川	(26)	280	20	30	20	30	20
新 潟	(27)	770	80	60	60	50	70
富 山	(28)	380	30	30	30	30	30
石 川	(29)	440	50	40	30	40	30
福 井	(30)	140	0	20	20	10	10
山 梨	(31)	350	30	40	20	30	30
長 野	(32)	1,780	150	150	130	150	150
岐 阜	(33)	3,980	310	320	310	290	320
静 岡	(34)	670	60	60	40	70	50
愛 知	(35)	2,290	180	170	200	160	210
三 重	(36)	900	80	70	70	80	80
滋 賀	(37)	810	70	80	70	80	70
京 都	(38)	330	20	30	30	20	40
大 阪	(39)	40	-	0	10	10	0
兵 庫	(40)	5,960	480	430	460	380	440
奈 良	(41)	310	30	40	20	20	20
和 歌 山	(42)	270	20	20	30	20	30
鳥 取	(43)	1,810	180	160	140	100	120
島 根	(44)	4,180	340	340	320	260	350
岡 山	(45)	2,780	250	200	190	230	230
広 島	(46)	2,230	190	170	180	150	180
山 口	(47)	1,830	160	160	180	120	130
徳 島	(48)	930	60	70	80	70	70
香 川	(49)	910	80	80	70	80	70
愛 媛	(50)	660	50	50	50	40	70
高 知	(51)	750	80	60	60	50	60
福 岡	(52)	1,750	140	150	160	140	180
佐 賀	(53)	4,410	340	380	350	330	360
長 崎	(54)	12,800	1,050	970	950	950	1,160
熊 本	(55)	18,500	1,660	1,480	1,440	1,440	1,590
大 分	(56)	7,010	600	570	560	510	550
宮 崎	(57)	36,300	3,200	3,040	2,770	2,850	3,010
鹿 児 島	(58)	47,200	3,930	3,790	3,640	3,790	4,090
沖 縄	(59)	16,500	1,430	1,330	1,390	1,350	1,420
関 東 農 政 局	(60)	19,700	1,690	1,650	1,470	1,610	1,740
東 海 農 政 局	(61)	7,170	570	560	570	520	610
中国四国農政局	(62)	16,100	1,390	1,280	1,250	1,100	1,260

単位：頭

平成31年 1月	2	3	4	令和元年 5月	6	7	
24,100	22,100	25,000	23,700	24,600	23,400	24,500	(1)
3,340	3,120	3,560	3,600	3,660	3,600	3,770	(2)
20,800	19,000	21,500	20,100	20,900	19,800	20,700	(3)
3,690	3,260	3,880	3,930	3,820	3,560	3,880	(4)
160	120	150	140	130	160	180	(5)
1,650	1,480	1,610	1,600	1,530	1,540	1,690	(6)
680	630	720	610	690	690	700	(7)
650	660	740	720	740	570	700	(8)
1,060	1,050	1,190	1,050	1,140	1,130	1,210	(9)
290	230	320	280	300	250	290	(10)
11,200	10,200	11,500	10,400	11,100	10,700	10,800	(11)
1,440	1,360	1,390	1,370	1,470	1,250	1,320	(12)
3,340	3,120	3,560	3,600	3,660	3,600	3,770	(13)
380	310	420	480	460	450	470	(14)
1,270	1,200	1,510	1,430	1,350	1,170	1,270	(15)
1,050	860	940	990	980	990	1,050	(16)
220	230	280	280	280	240	270	(17)
220	200	230	230	230	210	220	(18)
550	460	500	520	520	490	600	(19)
230	220	230	210	210	220	270	(20)
600	520	570	580	570	580	640	(21)
390	350	410	370	340	320	340	(22)
60	70	60	60	60	60	60	(23)
180	130	150	170	140	140	180	(24)
10	10	10	0	0	10	0	(25)
20	20	30	20	20	20	30	(26)
60	50	60	70	60	80	70	(27)
40	30	40	30	30	20	50	(28)
40	20	30	40	30	40	50	(29)
10	10	10	10	10	20	10	(30)
30	20	40	30	20	30	20	(31)
130	140	130	160	170	170	140	(32)
340	330	380	330	340	360	370	(33)
60	50	70	50	60	50	50	(34)
200	180	190	180	200	220	210	(35)
80	80	80	60	100	70	70	(36)
60	70	70	70	70	50	60	(37)
30	20	30	40	30	20	30	(38)
0	0	-	0	-	0	-	(39)
500	520	590	550	600	470	550	(40)
30	30	40	30	30	10	30	(41)
20	20	20	20	20	20	20	(42)
150	140	180	160	160	160	170	(43)
330	330	410	340	380	400	380	(44)
250	250	230	230	240	230	250	(45)
180	180	220	180	190	180	240	(46)
150	150	160	140	160	140	180	(47)
90	80	100	90	90	70	70	(48)
90	60	70	70	90	80	90	(49)
60	50	70	60	50	50	60	(50)
60	40	80	70	70	50	70	(51)
160	160	170	110	130	130	120	(52)
360	380	410	370	350	400	370	(53)
1,190	1,080	1,200	1,020	1,120	1,050	1,050	(54)
1,620	1,400	1,620	1,570	1,540	1,530	1,600	(55)
590	560	670	570	640	570	630	(56)
3,200	2,790	3,190	2,950	3,170	3,060	3,080	(57)
4,050	3,820	4,220	3,820	4,130	3,960	3,940	(58)
1,440	1,360	1,390	1,370	1,470	1,250	1,320	(59)
1,720	1,530	1,680	1,650	1,590	1,580	1,740	(60)
610	580	650	560	630	640	650	(61)
1,350	1,280	1,510	1,330	1,440	1,370	1,500	(62)

66 肉 用 牛

(2) 肉用牛飼養者の飼料作物作付実面積（全国、北海道、都府県）

単位：ha

区　　分	飼　料　作　物 作　付　実　面　積
全　　　国	194,000
北　海　道	84,900
都　府　県	109,100

(3) 全国農業地域別・飼養頭数規模別

　ア　飼養状態別飼養戸数（子取り用めす牛飼養頭数規模別）

単位：戸

区　　分	計	肉　用　種　飼　養					乳用種飼養
		小　計	子牛生産	肥育用牛飼養	育成牛飼養	その他の飼養	
全　　　　国	43,900	41,700	34,000	3,120	373	4,260	2,210
小　　　　計	38,600	38,200	34,000	－	－	4,260	344
1 ～ 4 頭	15,800	15,600	15,100	－	－	510	151
5 ～ 9	8,810	8,740	8,180	－	－	569	64
10 ～ 19	6,700	6,650	5,830	－	－	824	52
20 ～ 49	5,390	5,340	4,010	－	－	1,340	46
50 ～ 99	1,380	1,360	707	－	－	652	19
100 頭 以 上	522	510	143	－	－	367	12
子 取 り 用 　め す 牛 な し	5,360	3,490	－	3,120	373	－	1,870
北　海　道	2,350	1,940	1,490	78	21	359	410
小　　　　計	1,910	1,840	1,490	－	－	359	66
1 ～ 4 頭	244	220	201	－	－	19	24
5 ～ 9	271	264	243	－	－	21	7
10 ～ 19	408	400	348	－	－	52	8
20 ～ 49	663	649	535	－	－	114	14
50 ～ 99	225	218	126	－	－	92	7
100 頭 以 上	99	93	32	－	－	61	6
子 取 り 用 　め す 牛 な し	443	99	－	78	21	－	344
都　府　県	41,600	39,800	32,500	3,040	352	3,900	1,800
小　　　　計	36,700	36,400	32,500	－	－	3,900	278
1 ～ 4 頭	15,500	15,400	14,900	－	－	491	127
5 ～ 9	8,540	8,480	7,930	－	－	548	57
10 ～ 19	6,290	6,250	5,480	－	－	772	44
20 ～ 49	4,730	4,700	3,470	－	－	1,220	32
50 ～ 99	1,150	1,140	581	－	－	560	12
100 頭 以 上	423	417	111	－	－	306	6
子 取 り 用 　め す 牛 な し	4,910	3,390	－	3,040	352	－	1,520
東　　　　北	11,100	10,900	9,090	884	92	791	239
小　　　　計	9,920	9,880	9,090	－	－	791	44
1 ～ 4 頭	5,210	5,180	5,050	－	－	132	23
5 ～ 9	2,310	2,300	2,150	－	－	159	7
10 ～ 19	1,450	1,450	1,280	－	－	170	5
20 ～ 49	772	768	554	－	－	214	4
50 ～ 99	133	130	51	－	－	79	3
100 頭 以 上	46	44	7	－	－	37	2
子 取 り 用 　め す 牛 な し	1,170	976	－	884	92	－	195
北　　　　陸	343	286	149	58	30	49	57
小　　　　計	206	198	149	－	－	49	8
1 ～ 4 頭	94	90	76	－	－	14	4
5 ～ 9	30	28	22	－	－	6	2
10 ～ 19	52	50	33	－	－	17	2
20 ～ 49	19	19	12	－	－	7	－
50 ～ 99	9	9	5	－	－	4	－
100 頭 以 上	2	2	1	－	－	1	－
子 取 り 用 　め す 牛 な し	137	88	－	58	30	－	49

単位：戸

区　　分	計	肉　用　種　飼　養					乳用種飼養
		小　計	子牛生産	肥育用牛飼養	育成牛飼養	その他の飼養	
関 東 ・ 東 山	2,790	2,280	1,470	422	37	354	514
小　　　　計	1,890	1,820	1,470	－	－	354	71
1 ～ 4 頭	619	594	553	－	－	41	25
5 ～ 9	402	380	325	－	－	55	22
10 ～ 19	408	397	309	－	－	88	11
20 ～ 49	360	351	233	－	－	118	9
50 ～ 99	79	77	42	－	－	35	2
100 頭 以 上	23	21	4	－	－	17	2
子 取 り 用	902	459	－	422	37	－	443
め す 牛 な し							
東　　　　海	1,100	826	422	243	20	141	277
小　　　　計	583	563	422	－	－	141	20
1 ～ 4 頭	176	166	153	－	－	13	10
5 ～ 9	102	99	81	－	－	18	3
10 ～ 19	115	112	85	－	－	27	3
20 ～ 49	133	129	85	－	－	44	4
50 ～ 99	42	42	15	－	－	27	－
100 頭 以 上	15	15	3	－	－	12	－
子 取 り 用	520	263	－	243	20	－	257
め す 牛 な し							
近　　　　畿	1,500	1,430	1,070	176	9	169	78
小　　　　計	1,260	1,240	1,070	－	－	169	15
1 ～ 4 頭	505	495	484	－	－	11	10
5 ～ 9	328	325	297	－	－	28	3
10 ～ 19	212	210	181	－	－	29	2
20 ～ 49	158	158	95	－	－	63	－
50 ～ 99	38	38	12	－	－	26	－
100 頭 以 上	14	14	2	－	－	12	－
子 取 り 用	248	185	－	176	9	－	63
め す 牛 な し							
中　　　　国	2,430	2,290	1,980	105	30	180	140
小　　　　計	2,200	2,160	1,980	－	－	180	41
1 ～ 4 頭	1,170	1,150	1,140	－	－	17	14
5 ～ 9	441	434	410	－	－	24	7
10 ～ 19	276	268	241	－	－	27	8
20 ～ 49	226	219	159	－	－	60	7
50 ～ 99	65	61	27	－	－	34	4
100 頭 以 上	23	22	4	－	－	18	1
子 取 り 用	234	135	－	105	30	－	99
め す 牛 な し							
四　　　　国	667	518	304	90	7	117	149
小　　　　計	439	421	304	－	－	117	18
1 ～ 4 頭	154	145	120	－	－	25	9
5 ～ 9	92	87	69	－	－	18	5
10 ～ 19	100	98	69	－	－	29	2
20 ～ 49	72	70	41	－	－	29	2
50 ～ 99	13	13	4	－	－	9	－
100 頭 以 上	8	8	1	－	－	7	－
子 取 り 用	228	97	－	90	7	－	131
め す 牛 な し							

(3) 全国農業地域別・飼養頭数規模別（続き）

　ア　飼養状態別飼養戸数（子取り用めす牛飼養頭数規模別）（続き）

単位：戸

区　　分	計	肉　用　種　飼　養					乳用種飼養
		小　計	子牛生産	肥育用牛飼養	育成牛飼養	その他の飼養	
九　　　　州	19,300	19,000	16,500	990	112	1,370	343
小　　　　計	17,900	17,900	16,500	－	－	1,370	60
1 ～ 4 頭	6,980	6,950	6,780	－	－	171	31
5 ～ 9	4,310	4,300	4,160	－	－	139	8
10 ～ 19	3,130	3,120	2,930	－	－	190	11
20 ～ 49	2,560	2,550	2,130	－	－	426	6
50 ～ 99	678	675	408	－	－	267	3
100 頭 以 上	261	260	87	－	－	173	1
子 取 り 用 めす牛なし	1,390	1,100	－	990	112	－	283
沖　　　　縄	2,350	2,340	1,530	69	15	733	4
小　　　　計	2,260	2,260	1,530	－	－	733	1
1 ～ 4 頭	633	632	565	－	－	67	1
5 ～ 9	525	525	424	－	－	101	－
10 ～ 19	546	546	351	－	－	195	－
20 ～ 49	429	429	167	－	－	262	－
50 ～ 99	96	96	17	－	－	79	－
100 頭 以 上	31	31	2	－	－	29	－
子 取 り 用 めす牛なし	87	84	－	69	15	－	3
関 東 農 政 局	2,910	2,350	1,490	452	37	371	564
小　　　　計	1,930	1,860	1,490	－	－	371	74
1 ～ 4 頭	631	604	561	－	－	43	27
5 ～ 9	405	383	327	－	－	56	22
10 ～ 19	418	407	316	－	－	91	11
20 ～ 49	374	364	237	－	－	127	10
50 ～ 99	81	79	42	－	－	37	2
100 頭 以 上	23	21	4	－	－	17	2
子 取 り 用 めす牛なし	979	489	－	452	37	－	490
東 海 農 政 局	985	758	401	213	20	124	227
小　　　　計	542	525	401	－	－	124	17
1 ～ 4 頭	164	156	145	－	－	11	8
5 ～ 9	99	96	79	－	－	17	3
10 ～ 19	105	102	78	－	－	24	3
20 ～ 49	119	116	81	－	－	35	3
50 ～ 99	40	40	15	－	－	25	－
100 頭 以 上	15	15	3	－	－	12	－
子 取 り 用 めす牛なし	443	233	－	213	20	－	210
中国四国農政局	3,100	2,810	2,280	195	37	297	289
小　　　　計	2,640	2,580	2,280	－	－	297	59
1 ～ 4 頭	1,320	1,300	1,260	－	－	42	23
5 ～ 9	533	521	479	－	－	42	12
10 ～ 19	376	366	310	－	－	56	10
20 ～ 49	298	289	200	－	－	89	9
50 ～ 99	78	74	31	－	－	43	4
100 頭 以 上	31	30	5	－	－	25	1
子 取 り 用 めす牛なし	462	232	－	195	37	－	230

イ　飼養状態別飼養頭数（子取り用めす牛飼養頭数規模別）

単位：頭

区　　分	計	肉　用　種　飼　養					乳用種飼養
		小　計	子牛生産	肥育用牛飼養	育成牛飼養	その他の飼養	
全　　国	2,555,000	1,799,000	668,600	440,700	3,230	686,300	756,300
小　　　　計	1,538,000	1,355,000	668,600	－	－	686,300	182,900
1 ～ 4 頭	146,700	106,900	69,200			37,700	39,800
5 ～ 9	155,500	136,400	100,200			36,100	19,100
10 ～ 19	236,100	200,500	145,500			55,000	35,500
20 ～ 49	397,200	366,100	222,600			143,400	31,200
50 ～ 99	239,000	220,200	84,400			135,700	18,800
100 頭 以 上	363,400	325,000	46,700			278,300	38,400
子 取 り 用 めす牛なし	1,017,000	443,900	－	440,700	3,230	－	573,500
北　海　道	524,700	196,700	75,500	35,600	360	85,200	328,000
小　　　　計	234,400	160,700	75,500	－	－	85,200	73,700
1 ～ 4 頭	7,520	2,290	1,440			850	5,230
5 ～ 9	9,800	5,000	3,600			1,390	4,810
10 ～ 19	34,400	12,600	9,730			2,890	21,700
20 ～ 49	56,400	43,600	33,100			10,500	12,800
50 ～ 99	40,000	31,800	16,600			15,200	8,150
100 頭 以 上	86,300	65,300	10,900			54,400	21,000
子 取 り 用 めす牛なし	290,300	36,000	－	35,600	360	－	254,300
都　府　県	2,031,000	1,602,000	593,200	405,100	2,870	601,100	428,300
小　　　　計	1,303,000	1,194,000	593,200	－	－	601,100	109,200
1 ～ 4 頭	139,200	104,600	67,800			36,800	34,600
5 ～ 9	145,700	131,400	96,600			34,700	14,300
10 ～ 19	201,700	187,900	135,800			52,200	13,800
20 ～ 49	340,800	322,400	189,500			132,900	18,400
50 ～ 99	199,000	188,300	67,800			120,500	10,700
100 頭 以 上	277,100	259,700	35,700			223,900	17,500
子 取 り 用 めす牛なし	727,100	407,900	－	405,100	2,870	－	319,100
東　　北	334,500	273,000	116,800	47,600	380	108,300	61,500
小　　　　計	238,000	225,100	116,800	－	－	108,300	12,900
1 ～ 4 頭	35,100	31,300	21,400			9,840	3,820
5 ～ 9	37,500	36,500	26,600			9,860	1,010
10 ～ 19	45,300	44,200	31,900			12,300	1,170
20 ～ 49	54,500	51,600	28,800			22,800	2,910
50 ～ 99	27,900	25,500	6,390			19,100	2,350
100 頭 以 上	37,800	36,100	1,660			34,400	x
子 取 り 用 めす牛なし	96,500	48,000	－	47,600	380	－	48,600
北　　陸	21,700	11,600	3,420	4,150	190	3,870	10,000
小　　　　計	8,440	7,290	3,420	－	－	3,870	1,150
1 ～ 4 頭	1,580	1,000	420			580	580
5 ～ 9	760	580	280			300	x
10 ～ 19	2,330	1,930	1,020			920	x
20 ～ 49	1,590	1,590	680			910	－
50 ～ 99	1,400	1,400	570			830	－
100 頭 以 上	x	x	x			x	－
子 取 り 用 めす牛なし	13,200	4,340	－	4,150	190	－	8,880

注：　飼養者が飼養している全ての肉用牛（肉用種（子取り用めす牛、肥育用牛及び育成牛）及び乳用種（交雑種及びホルスタイン種他））
　　　の頭数である（以下エ、カ及びクの統計表において同じ。）。

72 肉 用 牛

(3) 全国農業地域別・飼養頭数規模別（続き）

　イ　飼養状態別飼養頭数（子取り用めす牛飼養頭数規模別）（続き）

単位：頭

区　　　分	計	肉　　用　　種　　飼　　養						乳用種飼養
		小　計	子牛生産	肥育用牛飼養	育成牛飼養	その他の飼養		
関 東・東 山	272,400	144,600	35,000	53,600	510	55,500		127,800
小　　　計	119,200	90,500	35,000	-	-	55,500		28,700
1 ～ 4 頭	10,200	5,800	2,800	-	-	2,990		4,420
5 ～ 9	15,200	8,860	4,340	-	-	4,520		6,310
10 ～ 19	19,100	16,500	7,890	-	-	8,570		2,660
20 ～ 49	36,500	31,300	13,800	-	-	17,500		5,170
50 ～ 99	13,400	11,800	4,760	-	-	7,020		x
100 頭 以 上	24,700	16,300	1,450	-	-	14,800		x
子 取 り 用めす牛なし	153,200	54,100	-	53,600	510	-		99,100
東　　　海	121,800	76,900	13,400	35,800	380	27,400		44,900
小　　　計	47,100	40,800	13,400	-	-	27,400		6,340
1 ～ 4 頭	6,540	2,550	1,400	-	-	1,150		3,990
5 ～ 9	4,380	4,100	1,700	-	-	2,400		280
10 ～ 19	4,980	4,170	2,530	-	-	1,640		810
20 ～ 49	13,600	12,400	5,120	-	-	7,260		1,260
50 ～ 99	8,940	8,940	1,590	-	-	7,360		-
100 頭 以 上	8,660	8,660	1,080	-	-	7,580		-
子 取 り 用めす牛なし	74,700	36,100	-	35,800	380	-		38,600
近　　　畿	89,100	79,200	17,400	27,400	50	34,300		9,980
小　　　計	54,800	51,700	17,400	-	-	34,300		3,080
1 ～ 4 頭	9,190	7,510	3,140	-	-	4,360		1,680
5 ～ 9	7,880	7,030	3,390	-	-	3,630		850
10 ～ 19	6,780	6,240	3,980	-	-	2,260		x
20 ～ 49	12,300	12,300	4,530	-	-	7,780		-
50 ～ 99	8,810	8,810	1,690	-	-	7,120		-
100 頭 以 上	9,810	9,810	x	-	-	9,170		-
子 取 り 用めす牛なし	34,400	27,500	-	27,400	50	-		6,900
中　　　国	124,300	78,800	28,700	14,100	60	35,900		45,500
小　　　計	86,500	64,600	28,700	-	-	35,900		21,800
1 ～ 4 頭	8,740	6,220	4,580	-	-	1,640		2,520
5 ～ 9	7,840	5,880	4,810	-	-	1,070		1,960
10 ～ 19	8,790	7,380	5,880	-	-	1,500		1,410
20 ～ 49	22,900	17,000	8,740	-	-	8,240		5,920
50 ～ 99	13,200	9,690	3,460	-	-	6,230		3,490
100 頭 以 上	25,000	18,500	1,230	-	-	17,300		x
子 取 り 用めす牛なし	37,800	14,100	-	14,100	60	-		23,700
四　　　国	59,900	26,900	5,880	7,050	20	14,000		32,900
小　　　計	25,200	19,900	5,880	-	-	14,000		5,350
1 ～ 4 頭	3,850	1,900	610	-	-	1,300		1,940
5 ～ 9	3,530	1,840	830	-	-	1,020		1,680
10 ～ 19	5,260	3,970	1,720	-	-	2,250		x
20 ～ 49	5,900	5,460	2,080	-	-	3,380		x
50 ～ 99	2,330	2,330	400	-	-	1,930		-
100 頭 以 上	4,380	4,380	x	-	-	4,120		-
子 取 り 用めす牛なし	34,600	7,070	-	7,050	20	-		27,600

単位:頭

区　　分	計	肉　用　種　飼　養					乳用種飼養
		小　計	子牛生産	肥育用牛飼養	育成牛飼養	その他の飼養	
九　　　　　州	927,100	831,500	345,400	214,200	1,260	270,600	95,600
小　　　　計	645,800	616,000	345,400	-	-	270,600	29,800
1 ～ 4 頭	60,300	44,700	30,800	-	-	13,900	15,600
5 ～ 9	62,200	60,100	49,800	-	-	10,300	2,050
10 ～ 19	95,000	89,500	72,400	-	-	17,100	5,520
20 ～ 49	167,500	164,800	117,200	-	-	47,500	2,670
50 ～ 99	109,700	106,600	46,900	-	-	59,600	3,160
100 頭 以 上	151,100	150,300	28,200	-	-	122,100	x
子 取 り 用 めす牛なし	281,300	215,500	-	214,200	1,260	-	65,800
沖　　　　　縄	79,700	79,700	27,100	1,200	30	51,300	40
小　　　　計	78,500	78,400	27,100	-	-	51,300	x
1 ～ 4 頭	3,660	3,640	2,570	-	-	1,070	x
5 ～ 9	6,520	6,520	4,890	-	-	1,620	-
10 ～ 19	14,100	14,100	8,410	-	-	5,670	-
20 ～ 49	26,000	26,000	8,540	-	-	17,500	-
50 ～ 99	13,300	13,300	2,000	-	-	11,300	-
100 頭 以 上	14,900	14,900	x	-	-	14,100	-
子 取 り 用 めす牛なし	1,240	1,220	-	1,200	30	-	20
関 東 農 政 局	291,600	151,900	35,600	57,900	510	57,900	139,600
小　　　　計	123,700	93,500	35,600	-	-	57,900	30,100
1 ～ 4 頭	11,400	5,850	2,850	-	-	3,000	5,570
5 ～ 9	15,200	8,920	4,390	-	-	4,530	6,310
10 ～ 19	19,500	16,800	8,090	-	-	8,740	2,660
20 ～ 49	38,600	33,100	14,100	-	-	19,100	5,470
50 ～ 99	14,200	12,500	4,760	-	-	7,770	x
100 頭 以 上	24,700	16,300	1,450	-	-	14,800	x
子 取 り 用 めす牛なし	167,900	58,400	-	57,900	510	-	109,500
東 海 農 政 局	102,700	69,600	12,800	31,500	380	24,900	33,100
小　　　　計	42,600	37,800	12,800	-	-	24,900	4,890
1 ～ 4 頭	5,340	2,490	1,350	-	-	1,140	2,850
5 ～ 9	4,320	4,040	1,660	-	-	2,390	280
10 ～ 19	4,610	3,790	2,330	-	-	1,460	810
20 ～ 49	11,500	10,600	4,830	-	-	5,750	950
50 ～ 99	8,190	8,190	1,590	-	-	6,600	-
100 頭 以 上	8,660	8,660	1,080	-	-	7,580	-
子 取 り 用 めす牛なし	60,000	31,900	-	31,500	380	-	28,200
中 国 四 国 農 政 局	184,200	105,700	34,600	21,100	90	49,900	78,400
小　　　　計	111,700	84,500	34,600	-	-	49,900	27,200
1 ～ 4 頭	12,600	8,130	5,190	-	-	2,940	4,460
5 ～ 9	11,400	7,720	5,640	-	-	2,090	3,640
10 ～ 19	14,000	11,400	7,600	-	-	3,750	2,690
20 ～ 49	28,800	22,400	10,800	-	-	11,600	6,360
50 ～ 99	15,500	12,000	3,860	-	-	8,160	3,490
100 頭 以 上	29,400	22,900	1,480	-	-	21,400	x
子 取 り 用 めす牛なし	72,500	21,200	-	21,100	90	-	51,300

74 肉 用 牛

(3) 全国農業地域別・飼養頭数規模別（続き）

ウ 飼養状態別飼養戸数（肉用種の肥育用牛飼養頭数規模別）

単位：戸

| 区　　　分 | 計 | 肉　用　種　飼　養 | | | | | 乳用種飼養 |
		小　計	子牛生産	肥育用牛飼養	育成牛飼養	その他の飼養	
全　　　国	43,900	41,700	34,000	3,120	373	4,260	2,210
小　　　　計	6,790	6,290	－	2,030	－	4,260	501
1 ～ 9 頭	3,520	3,230	－	491	－	2,740	289
10 ～ 19	691	630	－	218	－	412	61
20 ～ 29	429	395	－	178	－	217	34
30 ～ 49	575	535	－	260	－	275	40
50 ～ 99	675	634	－	360	－	274	41
100 ～ 199	497	475	－	286	－	189	22
200 ～ 499	285	278	－	183	－	95	7
500 頭 以 上	122	115	－	57	－	58	7
肥 育 用 牛 な し	37,100	35,400	34,000	1,080	373	－	1,710
北　海　道	2,350	1,940	1,490	78	21	359	410
小　　　　計	492	407	－	48	－	359	85
1 ～ 9 頭	307	263	－	13	－	250	44
10 ～ 19	48	34	－	4	－	30	14
20 ～ 29	29	21	－	2	－	19	8
30 ～ 49	33	26	－	6	－	20	7
50 ～ 99	37	30	－	9	－	21	7
100 ～ 199	16	13	－	4	－	9	3
200 ～ 499	10	8	－	6	－	2	2
500 頭 以 上	12	12	－	4	－	8	－
肥 育 用 牛 な し	1,860	1,540	1,490	30	21	－	325
都　府　県	41,600	39,800	32,500	3,040	352	3,900	1,800
小　　　　計	6,300	5,890	－	1,990	－	3,900	416
1 ～ 9 頭	3,210	2,970	－	478	－	2,490	245
10 ～ 19	643	596	－	214	－	382	47
20 ～ 29	400	374	－	176	－	198	26
30 ～ 49	542	509	－	254	－	255	33
50 ～ 99	638	604	－	351	－	253	34
100 ～ 199	481	462	－	282	－	180	19
200 ～ 499	275	270	－	177	－	93	5
500 頭 以 上	110	103	－	53	－	50	7
肥 育 用 牛 な し	35,300	33,900	32,500	1,050	352	－	1,390
東　　　北	11,100	10,900	9,090	884	92	791	239
小　　　　計	1,330	1,290	－	500	－	791	39
1 ～ 9 頭	675	651	－	168	－	483	24
10 ～ 19	179	177	－	71	－	106	2
20 ～ 29	108	106	－	65	－	41	2
30 ～ 49	134	131	－	73	－	58	3
50 ～ 99	125	121	－	67	－	54	4
100 ～ 199	69	66	－	36	－	30	3
200 ～ 499	29	29	－	18	－	11	－
500 頭 以 上	11	10	－	2	－	8	1
肥 育 用 牛 な し	9,760	9,560	9,090	384	92	－	200
北　　　陸	343	286	149	58	30	49	57
小　　　　計	108	95	－	46	－	49	13
1 ～ 9 頭	43	36	－	14	－	22	7
10 ～ 19	14	10	－	2	－	8	4
20 ～ 29	13	11	－	6	－	5	2
30 ～ 49	13	13	－	7	－	6	－
50 ～ 99	18	18	－	10	－	8	－
100 ～ 199	4	4	－	4	－	－	－
200 ～ 499	3	3	－	3	－	－	－
500 頭 以 上	－	－	－	－	－	－	－
肥 育 用 牛 な し	235	191	149	12	30	－	44

単位：戸

区　　　　分	計	肉　用　種　飼　養					乳用種飼養
		小　計	子牛生産	肥育用牛飼養	育成牛飼養	その他の飼養	
関 東 ・ 東 山	2,790	2,280	1,470	422	37	354	514
小　　　　計	830	695	–	341	–	354	135
1 ～ 9 頭	328	249	–	71	–	178	79
10 ～ 19	109	94	–	48	–	46	15
20 ～ 29	75	66	–	36	–	30	9
30 ～ 49	95	84	–	54	–	30	11
50 ～ 99	108	94	–	65	–	29	14
100 ～ 199	53	48	–	30	–	18	5
200 ～ 499	48	47	–	30	–	17	1
500 頭 以 上	14	13	–	7	–	6	1
肥 育 用 牛 な し	1,960	1,580	1,470	81	37	–	379
東　　　　　海	1,100	826	422	243	20	141	277
小　　　　計	288	235	–	94	–	141	53
1 ～ 9 頭	107	69	–	10	–	59	38
10 ～ 19	32	27	–	12	–	15	5
20 ～ 29	18	15	–	8	–	7	3
30 ～ 49	30	27	–	11	–	16	3
50 ～ 99	53	50	–	25	–	25	3
100 ～ 199	32	31	–	19	–	12	1
200 ～ 499	15	15	–	9	–	6	–
500 頭 以 上	1	1	–	–	–	1	–
肥 育 用 牛 な し	815	591	422	149	20	–	224
近　　　　　畿	1,500	1,430	1,070	176	9	169	78
小　　　　計	289	263	–	94	–	169	26
1 ～ 9 頭	122	107	–	17	–	90	15
10 ～ 19	34	31	–	13	–	18	3
20 ～ 29	25	23	–	8	–	15	2
30 ～ 49	23	20	–	9	–	11	3
50 ～ 99	38	37	–	23	–	14	1
100 ～ 199	24	23	–	14	–	9	1
200 ～ 499	15	14	–	8	–	6	1
500 頭 以 上	8	8	–	2	–	6	–
肥 育 用 牛 な し	1,210	1,160	1,070	82	9	–	52
中　　　　　国	2,430	2,290	1,980	105	30	180	140
小　　　　計	276	232	–	52	–	180	44
1 ～ 9 頭	131	101	–	11	–	90	30
10 ～ 19	33	31	–	7	–	24	2
20 ～ 29	23	21	–	3	–	18	2
30 ～ 49	29	24	–	7	–	17	5
50 ～ 99	26	23	–	10	–	13	3
100 ～ 199	19	18	–	8	–	10	1
200 ～ 499	7	7	–	2	–	5	–
500 頭 以 上	8	7	–	4	–	3	1
肥 育 用 牛 な し	2,160	2,060	1,980	53	30	–	96
四　　　　　国	667	518	304	90	7	117	149
小　　　　計	214	180	–	63	–	117	34
1 ～ 9 頭	93	74	–	17	–	57	19
10 ～ 19	34	29	–	9	–	20	5
20 ～ 29	23	23	–	9	–	14	–
30 ～ 49	22	20	–	13	–	7	2
50 ～ 99	22	18	–	7	–	11	4
100 ～ 199	15	12	–	7	–	5	3
200 ～ 499	4	4	–	1	–	3	–
500 頭 以 上	1	–	–	–	–	–	1
肥 育 用 牛 な し	453	338	304	27	7	–	115

76 肉 用 牛

(3) 全国農業地域別・飼養頭数規模別（続き）

ウ 飼養状態別飼養戸数（肉用種の肥育用牛飼養頭数規模別）（続き）

単位：戸

区　　　分	計	肉　用　種　飼　養						乳用種飼養
		小　計	子牛生産	肥育用牛飼養	育成牛飼養	その他の飼養		
九　　　　　州	19,300	19,000	16,500	990	112	1,370		343
小　　　　　計	2,190	2,120	-	756	-	1,370		72
1 ～ 9 頭	1,030	992	-	137	-	855		33
10 ～ 19	161	150	-	49	-	101		11
20 ～ 29	102	96	-	41	-	55		6
30 ～ 49	186	180	-	80	-	100		6
50 ～ 99	242	237	-	144	-	93		5
100 ～ 199	262	257	-	164	-	93		5
200 ～ 499	150	147	-	103	-	44		3
500 頭 以 上	66	63	-	38	-	25		3
肥 育 用 牛 な し	17,100	16,800	16,500	234	112	-		271
沖　　　　　縄	2,350	2,340	1,530	69	15	733		4
小　　　　　計	772	772	-	39	-	733		-
1 ～ 9 頭	688	688	-	33	-	655		-
10 ～ 19	47	47	-	3	-	44		-
20 ～ 29	13	13	-	-	-	13		-
30 ～ 49	10	10	-	-	-	10		-
50 ～ 99	6	6	-	-	-	6		-
100 ～ 199	3	3	-	-	-	3		-
200 ～ 499	4	4	-	3	-	1		-
500 頭 以 上	1	1	-	-	-	1		-
肥 育 用 牛 な し	1,580	1,570	1,530	30	15	-		4
関 東 農 政 局	2,910	2,350	1,490	452	37	371		564
小　　　　　計	869	725	-	354	-	371		144
1 ～ 9 頭	344	259	-	73	-	186		85
10 ～ 19	114	98	-	51	-	47		16
20 ～ 29	79	70	-	38	-	32		9
30 ～ 49	101	89	-	56	-	33		12
50 ～ 99	112	98	-	67	-	31		14
100 ～ 199	57	51	-	32	-	19		6
200 ～ 499	48	47	-	30	-	17		1
500 頭 以 上	14	13	-	7	-	6		1
肥 育 用 牛 な し	2,040	1,620	1,490	98	37	-		420
東 海 農 政 局	985	758	401	213	20	124		227
小　　　　　計	249	205	-	81	-	124		44
1 ～ 9 頭	91	59	-	8	-	51		32
10 ～ 19	27	23	-	9	-	14		4
20 ～ 29	14	11	-	6	-	5		3
30 ～ 49	24	22	-	9	-	13		2
50 ～ 99	49	46	-	23	-	23		3
100 ～ 199	28	28	-	17	-	11		-
200 ～ 499	15	15	-	9	-	6		-
500 頭 以 上	1	1	-	-	-	1		-
肥 育 用 牛 な し	736	553	401	132	20	-		183
中 国 四 国 農 政 局	3,100	2,810	2,280	195	37	297		289
小　　　　　計	490	412	-	115	-	297		78
1 ～ 9 頭	224	175	-	28	-	147		49
10 ～ 19	67	60	-	16	-	44		7
20 ～ 29	46	44	-	12	-	32		2
30 ～ 49	51	44	-	20	-	24		7
50 ～ 99	48	41	-	17	-	24		7
100 ～ 199	34	30	-	15	-	15		4
200 ～ 499	11	11	-	3	-	8		-
500 頭 以 上	9	7	-	4	-	3		2
肥 育 用 牛 な し	2,610	2,400	2,280	80	37	-		211

エ　飼養状態別飼養頭数（肉用種の肥育用牛飼養頭数規模別）

単位：頭

区　　分	計	肉　用　種　飼　養					乳用種飼養
		小　計	子牛生産	肥育用牛飼養	育成牛飼養	その他の飼養	
全　　　国	2,555,000	1,799,000	668,600	440,700	3,230	686,300	756,300
小　　　計	1,390,000	1,061,000	–	374,300	–	686,300	328,900
1 ～ 9 頭	344,000	221,200	–	21,400	–	199,700	122,900
10 ～ 19	101,900	63,100	–	9,270	–	53,900	38,800
20 ～ 29	78,200	41,300	–	11,100	–	30,200	36,800
30 ～ 49	92,800	68,400	–	19,700	–	48,700	24,400
50 ～ 99	142,700	113,900	–	46,200	–	67,600	28,800
100 ～ 199	164,100	135,900	–	61,300	–	74,600	28,200
200 ～ 499	171,400	153,000	–	88,400	–	64,600	18,400
500 頭 以 上	294,600	263,800	–	116,800	–	147,000	30,700
肥育用牛なし	1,166,000	738,200	668,600	66,400	3,230	–	427,400
北　海　道	524,700	196,700	75,500	35,600	360	85,200	328,000
小　　　計	236,500	116,700	–	31,400	–	85,200	119,900
1 ～ 9 頭	81,200	31,400	–	2,610	–	28,800	49,800
10 ～ 19	27,400	7,050	–	100	–	6,960	20,300
20 ～ 29	25,200	3,670	–	x	–	3,390	21,600
30 ～ 49	10,800	4,290	–	460	–	3,830	6,530
50 ～ 99	16,700	8,170	–	970	–	7,190	8,560
100 ～ 199	13,600	6,170	–	1,310	–	4,860	7,420
200 ～ 499	13,200	7,490	–	5,700	–	x	x
500 頭 以 上	48,400	48,400	–	20,000	–	28,400	–
肥育用牛なし	288,100	80,000	75,500	4,170	360	–	208,100
都　府　県	2,031,000	1,602,000	593,200	405,100	2,870	601,100	428,300
小　　　計	1,153,000	944,000	–	342,900	–	601,100	209,100
1 ～ 9 頭	262,800	189,700	–	18,800	–	170,900	73,000
10 ～ 19	74,600	56,100	–	9,180	–	46,900	18,500
20 ～ 29	52,900	37,600	–	10,800	–	26,800	15,300
30 ～ 49	82,000	64,100	–	19,300	–	44,900	17,800
50 ～ 99	126,000	105,700	–	45,300	–	60,500	20,200
100 ～ 199	150,500	129,700	–	60,000	–	69,700	20,800
200 ～ 499	158,200	145,500	–	82,700	–	62,800	12,700
500 頭 以 上	246,200	215,400	–	96,800	–	118,600	30,700
肥育用牛なし	877,500	658,200	593,200	62,200	2,870	–	219,200
東　　　北	334,500	273,000	116,800	47,600	380	108,300	61,500
小　　　計	170,900	145,200	–	36,900	–	108,300	25,700
1 ～ 9 頭	44,900	34,400	–	3,840	–	30,500	10,500
10 ～ 19	12,200	12,000	–	1,990	–	10,000	x
20 ～ 29	8,830	6,580	–	2,460	–	4,120	x
30 ～ 49	14,900	12,700	–	4,240	–	8,420	2,270
50 ～ 99	21,100	17,500	–	7,330	–	10,200	3,620
100 ～ 199	23,200	21,100	–	7,080	–	14,000	2,080
200 ～ 499	15,700	15,700	–	7,490	–	8,190	–
500 頭 以 上	30,100	25,300	–	x	–	22,800	x
肥育用牛なし	163,700	127,800	116,800	10,600	380	–	35,800
北　　　陸	21,700	11,600	3,420	4,150	190	3,870	10,000
小　　　計	12,500	7,860	–	3,990	–	3,870	4,650
1 ～ 9 頭	2,620	1,240	–	190	–	1,050	1,390
10 ～ 19	3,420	600	–	x	–	480	2,830
20 ～ 29	1,020	590	–	190	–	400	x
30 ～ 49	1,420	1,420	–	470	–	960	–
50 ～ 99	1,910	1,910	–	930	–	990	–
100 ～ 199	780	780	–	780	–	–	–
200 ～ 499	1,320	1,320	–	1,320	–	–	–
500 頭 以 上	–	–	–	–	–	–	–
肥育用牛なし	9,160	3,770	3,420	160	190	–	5,390

(3) 全国農業地域別・飼養頭数規模別（続き）

エ 飼養状態別飼養頭数（肉用種の肥育用牛飼養頭数規模別）（続き）

単位：頭

区　　分	計	肉　用　種　飼　養					乳用種飼養
		小　計	子牛生産	肥育用牛飼養	育成牛飼養	その他の飼養	
関　東・東　山	272,400	144,600	35,000	53,600	510	55,500	127,800
小　　　　計	174,100	105,900	－	50,400	－	55,500	68,200
1 ～ 9 頭	35,300	12,200	－	2,600	－	9,600	23,100
10 ～ 19	11,000	5,620	－	1,790	－	3,840	5,380
20 ～ 29	13,400	4,840	－	1,730	－	3,110	8,560
30 ～ 49	12,900	7,610	－	3,340	－	4,270	5,280
50 ～ 99	25,600	17,200	－	10,500	－	6,710	8,390
100 ～ 199	19,300	12,200	－	5,540	－	6,620	7,180
200 ～ 499	28,500	23,700	－	13,100	－	10,600	x
500 頭 以 上	28,100	22,600	－	11,900	－	10,700	x
肥 育 用 牛 な し	98,300	38,700	35,000	3,200	510	－	59,600
東　　　　海	121,800	76,900	13,400	35,800	380	27,400	44,900
小　　　　計	59,600	41,700	－	14,300	－	27,400	17,900
1 ～ 9 頭	15,800	5,090	－	640	－	4,450	10,700
10 ～ 19	4,040	2,360	－	640	－	1,710	1,680
20 ～ 29	3,880	2,630	－	1,320	－	1,310	1,260
30 ～ 49	6,220	4,770	－	1,490	－	3,280	1,460
50 ～ 99	12,600	10,700	－	3,220	－	7,470	1,950
100 ～ 199	8,850	7,990	－	3,840	－	4,160	x
200 ～ 499	7,230	7,230	－	3,160	－	4,070	－
500 頭 以 上	x	x	－	－	－	x	－
肥 育 用 牛 な し	62,300	35,300	13,400	21,500	380	－	27,000
近　　　　畿	89,100	79,200	17,400	27,400	50	34,300	9,980
小　　　　計	58,200	52,000	－	17,600	－	34,300	6,200
1 ～ 9 頭	8,140	6,780	－	460	－	6,320	1,360
10 ～ 19	2,830	2,510	－	610	－	1,910	320
20 ～ 29	3,000	2,860	－	630	－	2,230	x
30 ～ 49	4,560	2,650	－	980	－	1,670	1,910
50 ～ 99	7,370	7,090	－	2,610	－	4,480	x
100 ～ 199	9,430	8,690	－	2,430	－	6,260	x
200 ～ 499	9,000	7,550	－	4,070	－	3,470	x
500 頭 以 上	13,900	13,900	－	x	－	7,980	－
肥 育 用 牛 な し	31,000	27,200	17,400	9,770	50	－	3,780
中　　　　国	124,300	78,800	28,700	14,100	60	35,900	45,500
小　　　　計	72,200	47,300	－	11,400	－	35,900	24,800
1 ～ 9 頭	14,500	6,810	－	580	－	6,240	7,690
10 ～ 19	6,060	3,250	－	470	－	2,780	x
20 ～ 29	3,350	2,130	－	140	－	1,990	x
30 ～ 49	7,520	3,850	－	550	－	3,300	3,670
50 ～ 99	5,860	4,090	－	1,140	－	2,960	1,770
100 ～ 199	6,840	5,690	－	1,750	－	3,940	x
200 ～ 499	6,050	6,050	－	x	－	4,070	－
500 頭 以 上	22,000	15,400	－	4,760	－	10,700	x
肥 育 用 牛 な し	52,200	31,500	28,700	2,730	60	－	20,700
四　　　　国	59,900	26,900	5,880	7,050	20	14,000	32,900
小　　　　計	37,200	20,000	－	5,970	－	14,000	17,200
1 ～ 9 頭	6,470	2,790	－	650	－	2,140	3,670
10 ～ 19	3,730	2,420	－	740	－	1,680	1,320
20 ～ 29	2,540	2,540	－	580	－	1,960	－
30 ～ 49	3,100	2,660	－	1,030	－	1,630	x
50 ～ 99	5,230	3,600	－	700	－	2,900	1,630
100 ～ 199	9,720	3,570	－	1,990	－	1,580	6,160
200 ～ 499	2,400	2,400	－	x	－	2,110	－
500 頭 以 上	x	－	－	－	－	－	x
肥 育 用 牛 な し	22,700	6,980	5,880	1,080	20	－	15,700

単位:頭

区　　　分	計	肉　用　種　飼　養					乳用種飼養
		小　計	子牛生産	肥育用牛飼養	育成牛飼養	その他の飼養	
九　　　　　州	927,100	831,500	345,400	214,200	1,260	270,600	95,600
小　　　　計	516,100	471,700	–	201,100	–	270,600	44,400
1 ～ 9 頭	101,400	86,800	–	9,760	–	77,000	14,700
10 ～ 19	24,200	20,200	–	2,770	–	17,400	3,990
20 ～ 29	14,200	12,800	–	3,780	–	9,040	1,410
30 ～ 49	28,600	25,800	–	7,180	–	18,600	2,790
50 ～ 99	44,700	42,100	–	18,900	–	23,200	2,610
100 ～ 199	71,500	68,900	–	36,600	–	32,300	2,610
200 ～ 499	86,500	80,100	–	50,300	–	29,800	6,450
500 頭 以 上	145,000	135,100	–	71,800	–	63,300	9,930
肥 育 用 牛 な し	411,000	359,800	345,400	13,100	1,260	–	51,200
沖　　　　　縄	79,700	79,700	27,100	1,200	30	51,300	40
小　　　　計	52,400	52,400	–	1,150	–	51,300	–
1 ～ 9 頭	33,700	33,700	–	100	–	33,600	–
10 ～ 19	7,090	7,090	–	50	–	7,040	–
20 ～ 29	2,650	2,650	–	–	–	2,650	–
30 ～ 49	2,740	2,740	–	–	–	2,740	–
50 ～ 99	1,600	1,600	–	–	–	1,600	–
100 ～ 199	890	890	–	–	–	890	–
200 ～ 499	1,520	1,520	–	1,000	–	x	–
500 頭 以 上	x	x	–	–	–	x	–
肥 育 用 牛 な し	27,300	27,200	27,100	50	30	–	40
関 東 農 政 局	291,600	151,900	35,600	57,900	510	57,900	139,600
小　　　　計	182,400	110,800	–	52,800	–	57,900	71,600
1 ～ 9 頭	37,700	12,600	–	2,750	–	9,850	25,100
10 ～ 19	11,800	6,100	–	2,190	–	3,920	5,680
20 ～ 29	13,900	5,370	–	1,830	–	3,540	8,560
30 ～ 49	14,100	8,610	–	3,890	–	4,720	5,490
50 ～ 99	26,900	18,500	–	11,000	–	7,510	8,390
100 ～ 199	21,300	13,300	–	6,240	–	7,080	8,030
200 ～ 499	28,500	23,700	–	13,100	–	10,600	x
500 頭 以 上	28,100	22,600	–	11,900	–	10,700	x
肥 育 用 牛 な し	109,200	41,100	35,600	5,020	510	–	68,000
東 海 農 政 局	102,700	69,600	12,800	31,500	380	24,900	33,100
小　　　　計	51,300	36,800	–	11,900	–	24,900	14,500
1 ～ 9 頭	13,300	4,690	–	490	–	4,200	8,650
10 ～ 19	3,250	1,880	–	240	–	1,630	1,380
20 ～ 29	3,360	2,100	–	1,220	–	880	1,260
30 ～ 49	5,010	3,760	–	930	–	2,830	x
50 ～ 99	11,300	9,360	–	2,690	–	6,670	1,950
100 ～ 199	6,840	6,840	–	3,130	–	3,700	–
200 ～ 499	7,230	7,230	–	3,160	–	4,070	–
500 頭 以 上	x	x	–	–	–	x	–
肥 育 用 牛 な し	51,400	32,900	12,800	19,600	380	–	18,600
中 国 四 国 農 政 局	184,200	105,700	34,600	21,100	90	49,900	78,400
小　　　　計	109,300	67,300	–	17,300	–	49,900	42,000
1 ～ 9 頭	21,000	9,600	–	1,220	–	8,380	11,400
10 ～ 19	9,790	5,670	–	1,210	–	4,460	4,130
20 ～ 29	5,890	4,670	–	720	–	3,950	x
30 ～ 49	10,600	6,510	–	1,580	–	4,930	4,120
50 ～ 99	11,100	7,690	–	1,840	–	5,860	3,400
100 ～ 199	16,600	9,260	–	3,730	–	5,520	7,300
200 ～ 499	8,440	8,440	–	2,260	–	6,180	–
500 頭 以 上	25,900	15,400	–	4,760	–	10,700	x
肥 育 用 牛 な し	74,900	38,500	34,600	3,810	90	–	36,400

80 肉 用 牛

(3) 全国農業地域別・飼養頭数規模別（続き）

オ 飼養状態別飼養戸数（乳用種飼養頭数規模別）

単位：戸

区　　分	計	肉用種飼養	乳　用　種　飼　養			
			小　計	育成牛飼養	肥育牛飼養	その他の飼養
全　　　国	43,900	41,700	2,210	336	538	1,340
小　　　計	4,560	2,350	2,210	336	538	1,340
1 ～ 4 頭	1,800	1,480	324	180	118	26
5 ～ 19	853	525	328	121	95	112
20 ～ 29	175	88	87	8	29	50
30 ～ 49	201	70	131	10	45	76
50 ～ 99	320	77	243	9	78	156
100 ～ 199	404	52	352	6	93	253
200 ～ 499	457	40	417	2	61	354
500 頭 以 上	349	20	329	－	19	310
乳 用 種 な し	39,400	39,400	－	－	－	－
北　海　道	2,350	1,940	410	39	68	303
小　　　計	892	482	410	39	68	303
1 ～ 4 頭	359	313	46	30	13	3
5 ～ 19	144	111	33	6	14	13
20 ～ 29	30	16	14	1	6	7
30 ～ 49	27	8	19	－	8	11
50 ～ 99	35	15	20	－	4	16
100 ～ 199	45	7	38	1	10	27
200 ～ 499	95	6	89	1	5	83
500 頭 以 上	157	6	151	－	8	143
乳 用 種 な し	1,460	1,460	－	－	－	－
都　府　県	41,600	39,800	1,800	297	470	1,030
小　　　計	3,670	1,870	1,800	297	470	1,030
1 ～ 4 頭	1,440	1,160	278	150	105	23
5 ～ 19	709	414	295	115	81	99
20 ～ 29	145	72	73	7	23	43
30 ～ 49	174	62	112	10	37	65
50 ～ 99	285	62	223	9	74	140
100 ～ 199	359	45	314	5	83	226
200 ～ 499	362	34	328	1	56	271
500 頭 以 上	192	14	178	－	11	167
乳 用 種 な し	37,900	37,900	－	－	－	－
東　　　北	11,100	10,900	239	26	84	129
小　　　計	642	403	239	26	84	129
1 ～ 4 頭	314	281	33	14	14	5
5 ～ 19	113	82	31	8	12	11
20 ～ 29	17	9	8	－	3	5
30 ～ 49	27	11	16	3	7	6
50 ～ 99	45	12	33	1	14	18
100 ～ 199	58	4	54	－	23	31
200 ～ 499	40	2	38	－	10	28
500 頭 以 上	28	2	26	－	1	25
乳 用 種 な し	10,400	10,400	－	－	－	－
北　　　陸	343	286	57	9	15	33
小　　　計	121	64	57	9	15	33
1 ～ 4 頭	57	47	10	6	3	1
5 ～ 19	22	10	12	3	2	7
20 ～ 29	8	5	3	－	－	3
30 ～ 49	8	1	7	－	1	6
50 ～ 99	9	1	8	－	5	3
100 ～ 199	6	－	6	－	2	4
200 ～ 499	9	－	9	－	2	7
500 頭 以 上	2	－	2	－	－	2
乳 用 種 な し	222	222	－	－	－	－

単位：戸

区　　　分	計	肉用種飼養	乳　用　種　飼　養			
			小　計	育成牛飼養	肥育牛飼養	その他の飼養
関 東 ・ 東 山	2,790	2,280	514	53	147	314
小　　　　計	952	438	514	53	147	314
1 ～ 4 頭	341	270	71	26	36	9
5 ～ 19	173	92	81	17	36	28
20 ～ 29	41	19	22	3	5	14
30 ～ 49	52	14	38	4	10	24
50 ～ 99	104	20	84	2	24	58
100 ～ 199	87	14	73	1	16	56
200 ～ 499	89	6	83	－	15	68
500 頭 以 上	65	3	62	－	5	57
乳 用 種 な し	1,840	1,840	－		－	－
東　　　　　　海	1,100	826	277	58	59	160
小　　　　計	402	125	277	58	59	160
1 ～ 4 頭	110	72	38	27	9	2
5 ～ 19	85	36	49	28	8	13
20 ～ 29	19	7	12	1	3	8
30 ～ 49	21	4	17	2	5	10
50 ～ 99	41	2	39	－	11	28
100 ～ 199	55	1	54	－	17	37
200 ～ 499	52	2	50	－	6	44
500 頭 以 上	19	1	18	－	－	18
乳 用 種 な し	701	701	－		－	－
近　　　　　　畿	1,500	1,430	78	16	20	42
小　　　　計	148	70	78	16	20	42
1 ～ 4 頭	52	39	13	9	3	1
5 ～ 19	35	15	20	5	10	5
20 ～ 29	3	2	1	－	1	－
30 ～ 49	11	4	7	1	3	3
50 ～ 99	14	2	12	1	2	9
100 ～ 199	15	3	12	－	1	11
200 ～ 499	13	2	11	－	－	11
500 頭 以 上	5	3	2	－	－	2
乳 用 種 な し	1,360	1,360	－		－	－
中　　　　　　国	2,430	2,290	140	27	33	80
小　　　　計	289	149	140	27	33	80
1 ～ 4 頭	133	100	33	17	16	－
5 ～ 19	46	28	18	6	3	9
20 ～ 29	11	5	6	－	3	3
30 ～ 49	16	7	9	－	4	5
50 ～ 99	14	3	11	2	3	6
100 ～ 199	17	1	16	1	1	14
200 ～ 499	32	2	30	1	3	26
500 頭 以 上	20	3	17	－	－	17
乳 用 種 な し	2,140	2,140	－	－	－	－
四　　　　　　国	667	518	149	48	23	78
小　　　　計	221	72	149	48	23	78
1 ～ 4 頭	75	36	39	28	8	3
5 ～ 19	48	20	28	18	3	7
20 ～ 29	7	4	3	－	2	1
30 ～ 49	10	1	9	－	3	6
50 ～ 99	13	5	8	1	3	4
100 ～ 199	34	6	28	1	1	26
200 ～ 499	21	－	21	－	1	20
500 頭 以 上	13	－	13	－	2	11
乳 用 種 な し	446	446	－	－	－	－

(3) 全国農業地域別・飼養頭数規模別（続き）

オ 飼養状態別飼養戸数（乳用種飼養頭数規模別）（続き）

単位：戸

区　　　分	計	肉用種飼養	乳　用　種　飼　養			
			小　計	育成牛飼養	肥育牛飼養	その他の飼養
九　　　　州	19,300	19,000	343	60	86	197
小　　　　　計	840	497	343	60	86	197
1 ～ 4 頭	318	279	39	23	14	2
5 ～ 19	178	124	54	30	6	18
20 ～ 29	39	21	18	3	6	9
30 ～ 49	28	19	9	–	4	5
50 ～ 99	45	17	28	2	12	14
100 ～ 199	86	15	71	2	22	47
200 ～ 499	106	20	86	–	19	67
500 頭 以 上	40	2	38	–	3	35
乳 用 種 な し	18,500	18,500	–	–	–	–
沖　　　　縄	2,350	2,340	4	–	3	1
小　　　　　計	51	47	4	–	3	1
1 ～ 4 頭	40	38	2	–	2	–
5 ～ 19	9	7	2	–	1	1
20 ～ 29	–	–	–	–	–	–
30 ～ 49	1	1	–	–	–	–
50 ～ 99	–	–	–	–	–	–
100 ～ 199	1	1	–	–	–	–
200 ～ 499	–	–	–	–	–	–
500 頭 以 上	–	–	–	–	–	–
乳 用 種 な し	2,300	2,300	–	–	–	–
関 東 農 政 局	2,910	2,350	564	56	157	351
小　　　　　計	1,020	455	564	56	157	351
1 ～ 4 頭	357	281	76	29	37	10
5 ～ 19	180	97	83	17	37	29
20 ～ 29	42	19	23	3	5	15
30 ～ 49	55	14	41	4	12	25
50 ～ 99	111	20	91	2	26	63
100 ～ 199	102	15	87	1	20	66
200 ～ 499	103	6	97	–	15	82
500 頭 以 上	69	3	66	–	5	61
乳 用 種 な し	1,890	1,890	–	–	–	–
東 海 農 政 局	985	758	227	55	49	123
小　　　　　計	335	108	227	55	49	123
1 ～ 4 頭	94	61	33	24	8	1
5 ～ 19	78	31	47	28	7	12
20 ～ 29	18	7	11	1	3	7
30 ～ 49	18	4	14	2	3	9
50 ～ 99	34	2	32	–	9	23
100 ～ 199	40	–	40	–	13	27
200 ～ 499	38	2	36	–	6	30
500 頭 以 上	15	1	14	–	–	14
乳 用 種 な し	650	650	–	–	–	–
中 国 四 国 農 政 局	3,100	2,810	289	75	56	158
小　　　　　計	510	221	289	75	56	158
1 ～ 4 頭	208	136	72	45	24	3
5 ～ 19	94	48	46	24	6	16
20 ～ 29	18	9	9	–	5	4
30 ～ 49	26	8	18	–	7	11
50 ～ 99	27	8	19	3	6	10
100 ～ 199	51	7	44	2	2	40
200 ～ 499	53	2	51	1	4	46
500 頭 以 上	33	3	30	–	2	28
乳 用 種 な し	2,590	2,590	–	–	–	–

カ　飼養状態別飼養頭数（乳用種飼養頭数規模別）

単位：頭

区　　　分	計	肉用種飼養	乳　用　種　飼　養			
			小　計	育成牛飼養	肥育牛飼養	その他の飼養
全　　　　国	2,555,000	1,799,000	756,300	4,910	64,900	686,500
小　　　計	1,134,000	377,800	756,300	4,910	64,900	686,500
1 ～ 4 頭	89,800	89,000	820	500	230	90
5 ～ 19	77,700	73,700	3,990	1,360	1,070	1,570
20 ～ 29	21,500	18,900	2,620	230	880	1,510
30 ～ 49	25,500	19,300	6,180	480	2,060	3,640
50 ～ 99	50,300	29,500	20,800	840	6,680	13,200
100 ～ 199	93,400	35,500	57,900	910	15,400	41,500
200 ～ 499	191,800	44,800	147,000	x	19,800	126,700
500 頭 以 上	584,100	67,000	517,100	−	18,800	498,300
乳 用 種 な し	1,421,000	1,421,000	−		−	−
北　海　道	524,700	196,700	328,000	630	13,100	314,200
小　　　計	416,300	88,300	328,000	630	13,100	314,200
1 ～ 4 頭	23,200	23,100	110	70	30	10
5 ～ 19	13,700	13,400	370	40	180	150
20 ～ 29	3,750	3,330	420	x	170	220
30 ～ 49	2,040	1,230	810	−	360	450
50 ～ 99	7,160	5,590	1,580	−	290	1,290
100 ～ 199	11,900	5,670	6,230	x	1,700	4,360
200 ～ 499	40,700	6,980	33,700	x	1,970	31,400
500 頭 以 上	313,900	29,100	284,800	−	8,460	276,300
乳 用 種 な し	108,400	108,400	−		−	−
都　府　県	2,031,000	1,602,000	428,300	4,270	51,800	372,300
小　　　計	717,800	289,500	428,300	4,270	51,800	372,300
1 ～ 4 頭	66,600	65,900	710	420	210	80
5 ～ 19	64,000	60,400	3,620	1,320	890	1,420
20 ～ 29	17,700	15,500	2,200	200	710	1,280
30 ～ 49	23,500	18,100	5,380	480	1,700	3,190
50 ～ 99	43,100	24,000	19,200	840	6,400	12,000
100 ～ 199	81,500	29,800	51,600	750	13,700	37,200
200 ～ 499	151,100	37,800	113,300	x	17,800	95,200
500 頭 以 上	270,200	37,900	232,300	−	10,300	221,900
乳 用 種 な し	1,313,000	1,313,000	−		−	−
東　　　　北	334,500	273,000	61,500	320	9,400	51,800
小　　　計	111,100	49,600	61,500	320	9,400	51,800
1 ～ 4 頭	13,800	13,700	100	40	30	20
5 ～ 19	12,600	12,200	340	90	120	130
20 ～ 29	1,400	1,170	230	−	110	130
30 ～ 49	3,680	2,890	790	110	360	330
50 ～ 99	5,680	2,960	2,720	x	1,150	1,480
100 ～ 199	11,200	2,820	8,420	−	3,730	4,690
200 ～ 499	17,700	x	13,700	−	3,170	10,600
500 頭 以 上	45,100	x	35,200	−	x	34,400
乳 用 種 な し	223,400	223,400	−		−	−
北　　　　陸	21,700	11,600	10,000	40	1,610	8,390
小　　　計	13,500	3,500	10,000	40	1,610	8,390
1 ～ 4 頭	1,240	1,220	20	10	10	x
5 ～ 19	870	750	120	30	x	80
20 ～ 29	1,080	990	90	−	−	90
30 ～ 49	480	x	380	−	x	310
50 ～ 99	1,120	x	670	−	390	280
100 ～ 199	1,360	−	1,360	−	x	900
200 ～ 499	3,270	−	3,270	−	x	2,600
500 頭 以 上	x	−	x	−	−	x
乳 用 種 な し	8,120	8,120	−		−	−

(3) 全国農業地域別・飼養頭数規模別（続き）

　　カ　飼養状態別飼養頭数（乳用種飼養頭数規模別）（続き）

単位:頭

区　　分	計	肉用種飼養	乳　用　種　飼　養			
			小　計	育成牛飼養	肥育牛飼養	その他の飼養
関 東 ・ 東 山	272,400	144,600	127,800	940	15,600	111,300
小　　　計	183,200	55,400	127,800	940	15,600	111,300
1 ～ 4 頭	11,000	10,800	170	70	80	30
5 ～ 19	10,600	9,570	990	210	410	370
20 ～ 29	4,040	3,410	630	90	140	400
30 ～ 49	5,550	3,770	1,780	250	410	1,130
50 ～ 99	14,900	7,670	7,230	x	1,930	5,140
100 ～ 199	22,000	10,400	11,600	x	2,200	9,210
200 ～ 499	33,300	4,760	28,500	－	5,170	23,300
500 頭 以 上	82,000	5,060	76,900	－	5,250	71,700
乳 用 種 な し	89,200	89,200	－	－	－	－
東 　　　 海	121,800	76,900	44,900	470	5,630	38,800
小　　　計	58,200	13,300	44,900	470	5,630	38,800
1 ～ 4 頭	3,950	3,850	100	80	10	x
5 ～ 19	4,050	3,490	560	290	90	180
20 ～ 29	1,650	1,320	330	x	90	230
30 ～ 49	1,440	750	690	x	210	410
50 ～ 99	3,530	x	3,070	－	860	2,210
100 ～ 199	8,780	x	8,480	－	2,650	5,830
200 ～ 499	17,800	x	16,200	－	1,730	14,500
500 頭 以 上	17,000	x	15,400	－	－	15,400
乳 用 種 な し	63,700	63,700	－	－	－	－
近 　　　 畿	89,100	79,200	9,980	210	720	9,040
小　　　計	27,900	17,900	9,980	210	720	9,040
1 ～ 4 頭	1,960	1,920	40	30	10	x
5 ～ 19	2,240	2,000	240	60	100	80
20 ～ 29	790	x	x	－	x	－
30 ～ 49	930	510	420	x	180	180
50 ～ 99	2,000	x	960	x	x	700
100 ～ 199	4,690	2,790	1,890	－	x	1,680
200 ～ 499	5,860	x	4,040	－	－	4,040
500 頭 以 上	9,430	7,070	x	－	－	x
乳 用 種 な し	61,300	61,300	－	－	－	－
中 　　　 国	124,300	78,800	45,500	780	1,680	43,100
小　　　計	69,500	24,000	45,500	780	1,680	43,100
1 ～ 4 頭	5,510	5,450	60	40	20	－
5 ～ 19	3,350	3,070	280	100	40	140
20 ～ 29	530	340	180	－	80	100
30 ～ 49	1,360	870	490	－	210	280
50 ～ 99	1,940	910	1,030	x	310	490
100 ～ 199	3,190	x	2,650	x	x	2,330
200 ～ 499	13,000	x	11,100	x	840	9,970
500 頭 以 上	40,600	10,800	29,700	－	－	29,700
乳 用 種 な し	54,800	54,800	－	－	－	－
四 　　　 国	59,900	26,900	32,900	490	3,150	29,300
小　　　計	40,700	7,740	32,900	490	3,150	29,300
1 ～ 4 頭	1,810	1,700	100	80	10	10
5 ～ 19	2,000	1,670	330	190	40	100
20 ～ 29	350	260	80	－	x	x
30 ～ 49	550	x	400	－	110	290
50 ～ 99	1,740	1,010	730	x	250	390
100 ～ 199	7,620	2,940	4,690	x	x	4,310
200 ～ 499	6,550	－	6,550	－	x	6,300
500 頭 以 上	20,100	－	20,100	－	x	17,900
乳 用 種 な し	19,200	19,200	－	－	－	－

単位：頭

区　　　分	計	肉用種飼養	乳　用　種　飼　養			
			小　計	育成牛飼養	肥育牛飼養	その他の飼養
九　　　　州	927,100	831,500	95,600	1,030	14,000	80,600
小　　　計	208,200	112,600	95,600	1,030	14,000	80,600
1 ～ 4 頭	24,100	24,000	120	80	30	x
5 ～ 19	27,000	26,200	730	350	70	310
20 ～ 29	7,910	7,300	620	100	210	310
30 ～ 49	9,380	8,940	440	－	170	270
50 ～ 99	12,200	9,450	2,790	x	1,310	1,280
100 ～ 199	22,000	9,420	12,600	x	4,050	8,250
200 ～ 499	53,700	23,800	29,900	－	5,970	23,900
500 頭 以 上	51,900	x	48,400		2,180	46,200
乳 用 種 な し	718,800	718,800	－		－	－
沖　　　　縄	79,700	79,700	40	－	20	x
小　　　計	5,510	5,470	40	－	20	x
1 ～ 4 頭	3,350	3,350	x	－	x	－
5 ～ 19	1,420	1,380	x	－	x	x
20 ～ 29	－	－	－	－	－	－
30 ～ 49	x	x	－	－	－	－
50 ～ 99	－	－	－	－	－	－
100 ～ 199	x	x	－	－	－	－
200 ～ 499	－	－	－	－	－	－
500 頭 以 上	－	－	－		－	－
乳 用 種 な し	74,200	74,200				
関 東 農 政 局	291,600	151,900	139,600	950	16,500	122,200
小　　　計	196,700	57,000	139,600	950	16,500	122,200
1 ～ 4 頭	11,900	11,700	190	80	80	30
5 ～ 19	11,000	9,990	1,020	210	420	390
20 ～ 29	4,060	3,410	650	90	140	420
30 ～ 49	5,670	3,770	1,890	250	490	1,160
50 ～ 99	15,500	7,670	7,810	x	2,110	5,550
100 ～ 199	24,600	10,700	13,900	x	2,860	10,900
200 ～ 499	37,400	4,760	32,700	－	5,170	27,500
500 頭 以 上	86,500	5,060	81,500	－	5,250	76,200
乳 用 種 な し	94,900	94,900	－		－	－
東 海 農 政 局	102,700	69,600	33,100	450	4,690	27,900
小　　　計	44,700	11,600	33,100	450	4,690	27,900
1 ～ 4 頭	3,020	2,940	80	70	10	x
5 ～ 19	3,590	3,060	530	290	70	160
20 ～ 29	1,630	1,320	310	x	90	200
30 ～ 49	1,330	750	570	x	130	380
50 ～ 99	2,950	x	2,480	－	680	1,800
100 ～ 199	6,110	－	6,110	－	1,980	4,120
200 ～ 499	13,600	x	12,100	－	1,730	10,300
500 頭 以 上	12,500	x	10,900	－		10,900
乳 用 種 な し	58,000	58,000	－	－	－	－
中 国 四 国 農 政 局	184,200	105,700	78,400	1,270	4,830	72,300
小　　　計	110,100	31,700	78,400	1,270	4,830	72,300
1 ～ 4 頭	7,310	7,150	160	120	40	10
5 ～ 19	5,350	4,740	610	290	80	240
20 ～ 29	870	610	270	－	140	130
30 ～ 49	1,910	1,020	890	－	320	570
50 ～ 99	3,680	1,920	1,770	330	560	880
100 ～ 199	10,800	3,480	7,330	x	x	6,640
200 ～ 499	19,600	x	17,600	x	1,090	16,300
500 頭 以 上	60,600	10,800	49,800	－	x	47,600
乳 用 種 な し	74,100	74,100	－	－	－	－

(3) 全国農業地域別・飼養頭数規模別（続き）

キ 飼養状態別飼養戸数（肉用種の肥育用牛及び乳用種飼養頭数規模別）

単位：戸

区　分	計	肉　用　種　飼　養					乳　用　種　飼　養			
		小　計	子牛生産	肥育用牛飼養	育成牛飼養	その他の飼養	小　計	育成牛飼養	肥育牛飼養	その他の飼養
全　　　国	43,900	41,700	34,000	3,120	373	4,260	2,210	336	538	1,340
小　　計	9,980	7,770	1,340	2,070	93	4,260	2,210	336	538	1,340
1 ～ 9 頭	4,860	4,370	1,180	504	83	2,610	487	252	167	68
10 ～ 19	915	753	86	223	3	441	162	49	46	67
20 ～ 29	542	456	34	184	1	237	86	8	28	50
30 ～ 49	694	572	21	254	5	292	122	10	42	70
50 ～ 99	903	661	13	358	1	289	242	9	73	160
100 ～ 199	854	503	4	288	-	211	351	6	98	247
200 ～ 499	731	306	-	192	-	114	425	2	64	359
500 頭 以 上	477	141	-	71	-	70	336	-	20	316
肉用種の肥育用牛及び乳用種なし	34,000	34,000	32,600	1,040	280	-	-	-	-	-
北　海　道	2,350	1,940	1,490	78	21	359	410	39	68	303
小　　計	1,140	733	312	51	11	359	410	39	68	303
1 ～ 9 頭	572	507	271	13	10	213	65	36	18	11
10 ～ 19	82	68	21	6	-	41	14	-	9	5
20 ～ 29	55	41	9	2	-	30	14	1	6	7
30 ～ 49	52	33	4	5	1	23	19	-	8	11
50 ～ 99	55	35	5	9	-	21	20	-	4	16
100 ～ 199	60	22	2	3	-	17	38	1	10	27
200 ～ 499	101	12	-	6	-	6	89	1	5	83
500 頭 以 上	166	15	-	7	-	8	151	-	8	143
肉用種の肥育用牛及び乳用種なし	1,210	1,210	1,170	27	10	-	-	-	-	-
都　府　県	41,600	39,800	32,500	3,040	352	3,900	1,800	297	470	1,030
小　　計	8,830	7,030	1,030	2,020	82	3,900	1,800	297	470	1,030
1 ～ 9 頭	4,290	3,870	911	491	73	2,390	422	216	149	57
10 ～ 19	833	685	65	217	3	400	148	49	37	62
20 ～ 29	487	415	25	182	1	207	72	7	22	43
30 ～ 49	642	539	17	249	4	269	103	10	34	59
50 ～ 99	848	626	8	349	1	268	222	9	69	144
100 ～ 199	794	481	2	285	-	194	313	5	88	220
200 ～ 499	630	294	-	186	-	108	336	1	59	276
500 頭 以 上	311	126	-	64	-	62	185	-	12	173
肉用種の肥育用牛及び乳用種なし	32,800	32,800	31,500	1,010	270	-	-	-	-	-
東　　　北	11,100	10,900	9,090	884	92	791	239	26	84	129
小　　計	1,800	1,570	257	507	10	791	239	26	84	129
1 ～ 9 頭	935	884	243	171	9	461	51	20	21	10
10 ～ 19	204	191	6	73	-	112	13	2	5	6
20 ～ 29	124	116	4	67	-	45	8	-	3	5
30 ～ 49	148	134	3	72	1	58	14	3	6	5
50 ～ 99	161	126	1	65	-	60	35	1	15	19
100 ～ 199	124	72	-	37	-	35	52	-	22	30
200 ～ 499	70	30	-	19	-	11	40	-	11	29
500 頭 以 上	38	12	-	3	-	9	26	-	1	25
肉用種の肥育用牛及び乳用種なし	9,290	9,290	8,830	377	82	-	-	-	-	-
北　　　陸	343	286	149	58	30	49	57	9	15	33
小　　計	199	142	25	50	18	49	57	9	15	33
1 ～ 9 頭	92	74	20	16	18	20	18	9	5	4
10 ～ 19	18	14	3	2	-	9	4	-	-	4
20 ～ 29	18	15	1	8	-	6	3	-	-	3
30 ～ 49	19	13	-	7	-	6	6	-	1	5
50 ～ 99	28	19	1	10	-	8	9	-	5	4
100 ～ 199	9	4	-	4	-	-	5	-	2	3
200 ～ 499	13	3	-	3	-	-	10	-	2	8
500 頭 以 上	2	-	-	-	-	-	2	-	-	2
肉用種の肥育用牛及び乳用種なし	144	144	124	8	12	-	-	-	-	-

単位：戸

区　　分	計	肉　用　種　飼　養					乳　用　種　飼　養			
		小　計	子牛生産	肥育用牛飼養	育成牛飼養	その他の飼養	小　計	育成牛飼養	肥育牛飼養	その他の飼養
関 東 ・ 東 山	2,790	2,280	1,470	422	37	354	514	53	147	314
小　　　計	1,470	960	237	350	19	354	514	53	147	314
1 ～ 9 頭	567	457	215	69	16	157	110	37	53	20
10 ～ 19	155	114	11	51	2	50	41	6	19	16
20 ～ 29	101	78	6	37	–	35	23	3	5	15
30 ～ 49	123	89	4	52	–	33	34	4	10	20
50 ～ 99	177	97	1	65	1	30	80	2	21	57
100 ～ 199	134	54	–	34	–	20	80	1	19	60
200 ～ 499	129	47	–	29	–	18	82	–	14	68
500 頭 以 上	88	24	–	13	–	11	64	–	6	58
肉用種の肥育用牛及び乳用種なし	1,320	1,320	1,230	72	18	–	–	–	–	–
東 　 　 海	1,100	826	422	243	20	141	277	58	59	160
小　　　計	599	322	69	98	14	141	277	58	59	160
1 ～ 9 頭	196	133	57	13	11	52	63	43	15	5
10 ～ 19	62	38	10	10	1	17	24	12	2	10
20 ～ 29	27	15	1	7	1	6	12	1	3	8
30 ～ 49	50	33	1	14	1	17	17	2	5	10
50 ～ 99	89	50	–	25	–	25	39	–	11	28
100 ～ 199	86	34	–	19	–	15	52	–	16	36
200 ～ 499	68	17	–	10	–	7	51	–	7	44
500 頭 以 上	21	2	–	–	–	2	19	–	–	19
肉用種の肥育用牛及び乳用種なし	504	504	353	145	6	–	–	–	–	–
近 　 　 畿	1,500	1,430	1,070	176	9	169	78	16	20	42
小　　　計	374	296	27	97	3	169	78	16	20	42
1 ～ 9 頭	153	130	24	17	3	86	23	11	9	3
10 ～ 19	43	33	1	14	–	18	10	3	4	3
20 ～ 29	25	24	–	8	–	16	1	–	1	–
30 ～ 49	26	22	1	8	–	13	4	1	1	2
50 ～ 99	55	40	1	26	–	13	15	1	4	10
100 ～ 199	34	23	–	14	–	9	11	–	1	10
200 ～ 499	25	14	–	7	–	7	11	–	–	11
500 頭 以 上	13	10	–	3	–	7	3	–	–	3
肉用種の肥育用牛及び乳用種なし	1,130	1,130	1,040	79	6	–	–	–	–	–
中 　 　 国	2,430	2,290	1,980	105	30	180	140	27	33	80
小　　　計	468	328	88	54	6	180	140	27	33	80
1 ～ 9 頭	215	177	75	12	6	84	38	18	17	3
10 ～ 19	49	37	5	7	–	25	12	5	2	5
20 ～ 29	30	23	3	3	–	17	7	–	3	4
30 ～ 49	37	30	3	7	–	20	7	–	3	4
50 ～ 99	40	28	1	11	–	16	12	2	3	7
100 ～ 199	34	18	1	8	–	9	16	1	2	13
200 ～ 499	37	7	–	2	–	5	30	1	3	26
500 頭 以 上	26	8	–	4	–	4	18	–	–	18
肉用種の肥育用牛及び乳用種なし	1,960	1,960	1,890	51	24	–	–	–	–	–
四 　 　 国	667	518	304	90	7	117	149	48	23	78
小　　　計	365	216	28	67	4	117	149	48	23	78
1 ～ 9 頭	154	100	23	20	4	53	54	39	9	6
10 ～ 19	44	32	4	8	–	20	12	7	2	3
20 ～ 29	26	22	1	10	–	11	4	–	2	2
30 ～ 49	29	20	–	11	–	9	9	–	3	6
50 ～ 99	28	20	–	9	–	11	8	1	3	4
100 ～ 199	38	14	–	7	–	7	24	1	–	23
200 ～ 499	33	8	–	2	–	6	25	–	2	23
500 頭 以 上	13	–	–	–	–	–	13	–	2	11
肉用種の肥育用牛及び乳用種なし	302	302	276	23	3	–	–	–	–	–

(3) 全国農業地域別・飼養頭数規模別（続き）

キ 飼養状態別飼養戸数（肉用種の肥育用牛及び乳用種飼養頭数規模別）（続き）

単位：戸

区　　分	計	肉 用 種 飼 養					乳 用 種 飼 養			
		小 計	子牛生産	肥育用牛飼養	育成牛飼養	その他の飼養	小 計	育成牛飼養	肥育牛飼養	その他の飼養
九　　　州	19,300	19,000	16,500	990	112	1,370	343	60	86	197
小　　計	2,760	2,420	284	761	8	1,370	343	60	86	197
1 ～ 9 頭	1,280	1,220	242	140	6	828	63	39	18	6
10 ～ 19	207	177	24	49	-	104	30	14	2	14
20 ～ 29	122	108	9	42	-	57	14	3	5	6
30 ～ 49	200	188	5	78	2	103	12	-	5	7
50 ～ 99	263	239	3	138	-	98	24	2	7	15
100 ～ 199	331	258	1	162	-	95	73	2	26	45
200 ～ 499	251	164	-	111	-	53	87	-	20	67
500 頭 以 上	109	69	-	41	-	28	40	-	3	37
肉用種の肥育用牛及び乳用種なし	16,500	16,500	16,200	229	104	-	-	-	-	-
沖　　　縄	2,350	2,340	1,530	69	15	733	4	-	3	1
小　　計	789	785	13	39	-	733	4	-	3	1
1 ～ 9 頭	698	696	12	33	-	651	2	-	2	-
10 ～ 19	51	49	1	3	-	45	2	-	1	1
20 ～ 29	14	14	-	-	-	14	-	-	-	-
30 ～ 49	10	10	-	-	-	10	-	-	-	-
50 ～ 99	7	7	-	-	-	7	-	-	-	-
100 ～ 199	4	4	-	-	-	4	-	-	-	-
200 ～ 499	4	4	-	3	-	1	-	-	-	-
500 頭 以 上	1	1	-	-	-	1	-	-	-	-
肉用種の肥育用牛及び乳用種なし	1,560	1,560	1,510	30	15	-	-	-	-	-
関 東 農 政 局	2,910	2,350	1,490	452	37	371	564	56	157	351
小　　計	1,560	998	245	363	19	371	564	56	157	351
1 ～ 9 頭	588	473	223	71	16	163	115	40	54	21
10 ～ 19	162	119	11	53	2	53	43	6	20	17
20 ～ 29	105	81	6	39	-	36	24	3	5	16
30 ～ 49	132	95	4	55	-	36	37	4	12	21
50 ～ 99	188	101	1	67	1	32	87	2	23	62
100 ～ 199	151	58	-	36	-	22	93	1	23	69
200 ～ 499	144	47	-	29	-	18	97	-	14	83
500 頭 以 上	92	24	-	13	-	11	68	-	6	62
肉用種の肥育用牛及び乳用種なし	1,350	1,350	1,240	89	18	-	-	-	-	-
東 海 農 政 局	985	758	401	213	20	124	227	55	49	123
小　　計	511	284	61	85	14	124	227	55	49	123
1 ～ 9 頭	175	117	49	11	11	46	58	40	14	4
10 ～ 19	55	33	10	8	1	14	22	12	1	9
20 ～ 29	23	12	1	5	1	5	11	1	3	7
30 ～ 49	41	27	1	11	1	14	14	2	3	9
50 ～ 99	78	46	-	23	-	23	32	-	9	23
100 ～ 199	69	30		17	-	13	39	-	12	27
200 ～ 499	53	17	-	10	-	7	36	-	7	29
500 頭 以 上	17	2	-	-	-	2	15	-	-	15
肉用種の肥育用牛及び乳用種なし	474	474	340	128	6	-	-	-	-	-
中 国 四 国 農 政 局	3,100	2,810	2,280	195	37	297	289	75	56	158
小　　計	833	544	116	121	10	297	289	75	56	158
1 ～ 9 頭	369	277	98	32	10	137	92	57	26	9
10 ～ 19	93	69	9	15	-	45	24	12	4	8
20 ～ 29	56	45	4	13	-	28	11	-	5	6
30 ～ 49	66	50	3	18	-	29	16	-	6	10
50 ～ 99	68	48	1	20	-	27	20	3	6	11
100 ～ 199	72	32	1	15	-	16	40	2	2	36
200 ～ 499	70	15	-	4	-	11	55	1	5	49
500 頭 以 上	39	8	-	4	-	4	31	-	2	29
肉用種の肥育用牛及び乳用種なし	2,270	2,270	2,170	74	27	-	-	-	-	-

ク　飼養状態別飼養頭数（肉用種の肥育用牛及び乳用種飼養頭数規模別）

単位：頭

区　　分	計	肉　用　種　飼　養					乳　用　種　飼　養			
		小　計	子牛生産	肥育用牛飼養	育成牛飼養	その他の飼養	小　計	育成牛飼養	肥育牛飼養	その他の飼養
全　　国	2,555,000	1,799,000	668,600	440,700	3,230	686,300	756,300	4,910	64,900	686,500
小　計	1,887,000	1,130,000	65,100	377,000	1,800	686,300	756,300	4,910	64,900	686,500
1 ～ 9 頭	240,300	238,200	44,800	17,600	700	175,100	2,150	1,100	600	450
10 ～ 19	69,800	67,200	6,350	9,170	100	51,600	2,590	760	700	1,130
20 ～ 29	49,100	46,600	4,800	10,200	x	31,500	2,510	230	830	1,440
30 ～ 49	73,500	68,100	3,540	17,000	690	46,800	5,410	480	1,820	3,110
50 ～ 99	131,500	111,700	3,130	41,400	x	67,000	19,800	840	5,690	13,300
100 ～ 199	197,600	142,000	2,480	59,900	-	79,600	55,600	900	15,500	39,200
200 ～ 499	308,500	161,500	-	88,200	-	73,300	147,000	x	20,400	126,000
500 頭 以 上	816,300	295,000	-	133,500	-	161,500	521,300	-	19,400	501,900
肉用種の肥育用牛及び乳用種なし	668,700	668,700	603,600	63,700	1,430	-	-	-	-	-
北　海　道	524,700	196,700	75,500	35,600	360	85,200	328,000	630	13,100	314,200
小　計	465,800	137,800	20,800	31,500	290	85,200	328,000	630	13,100	314,200
1 ～ 9 頭	35,800	35,500	15,000	80	180	20,300	250	110	60	80
10 ～ 19	9,510	9,280	1,790	240	-	7,250	230	-	150	80
20 ～ 29	6,910	6,480	1,630	x	-	4,580	420	x	170	220
30 ～ 49	6,540	5,740	600	370	x	4,670	800	-	360	450
50 ～ 99	9,770	8,190	990	900	-	6,300	1,580	-	290	1,290
100 ～ 199	15,900	9,640	x	640	-	8,220	6,220	x	1,700	4,360
200 ～ 499	44,300	10,600	-	5,080	-	5,530	33,700	x	1,970	31,400
500 頭 以 上	337,100	52,300	-	23,900	-	28,400	284,800	-	8,460	276,300
肉用種の肥育用牛及び乳用種なし	58,900	58,900	54,700	4,120	80	-	-	-	-	-
都　府　県	2,031,000	1,602,000	593,200	405,100	2,870	601,100	428,300	4,270	51,800	372,300
小　計	1,421,000	992,500	44,300	345,500	1,510	601,100	428,300	4,270	51,800	372,300
1 ～ 9 頭	204,600	202,700	29,800	17,600	520	154,800	1,890	980	540	370
10 ～ 19	60,300	57,900	4,560	8,940	100	44,300	2,360	760	560	1,050
20 ～ 29	42,200	40,100	3,170	9,880	x	26,900	2,090	200	660	1,220
30 ～ 49	67,000	62,300	2,940	16,600	590	42,200	4,610	480	1,460	2,660
50 ～ 99	121,700	103,500	2,140	40,500	x	60,700	18,200	840	5,400	12,000
100 ～ 199	181,700	132,300	x	59,300	-	71,400	49,400	740	13,800	34,900
200 ～ 499	264,200	150,900	-	83,100	-	67,800	113,300	x	18,500	94,600
500 頭 以 上	479,200	242,700	-	109,600	-	133,100	236,500	-	10,900	225,600
肉用種の肥育用牛及び乳用種なし	609,800	609,800	548,900	59,500	1,360	-	-	-	-	-
東　　北	334,500	273,000	116,800	47,600	380	108,300	61,500	320	9,400	51,800
小　計	215,800	154,300	8,740	37,200	160	108,300	61,500	320	9,400	51,800
1 ～ 9 頭	36,100	35,900	7,150	3,770	70	24,900	240	100	90	60
10 ～ 19	13,900	13,700	440	2,170	-	11,100	190	x	70	90
20 ～ 29	7,980	7,750	430	2,570	-	4,740	230	-	110	130
30 ～ 49	13,200	12,500	570	4,120	x	7,760	660	110	290	260
50 ～ 99	21,000	18,100	x	6,840	-	11,100	2,850	x	1,210	1,550
100 ～ 199	31,800	23,900	-	7,030	-	16,900	7,900	-	3,470	4,430
200 ～ 499	28,600	14,300	-	7,430	-	6,890	14,200	-	3,440	10,800
500 頭 以 上	63,300	28,100	-	3,230	-	24,900	35,200	-	x	34,400
肉用種の肥育用牛及び乳用種なし	118,700	118,700	108,100	10,400	220	-	-	-	-	-
北　　陸	21,700	11,600	3,420	4,150	190	3,870	10,000	40	1,610	8,390
小　計	19,100	9,090	970	4,100	150	3,870	10,000	40	1,610	8,390
1 ～ 9 頭	1,470	1,390	360	220	150	660	80	40	20	20
10 ～ 19	750	690	110	x	-	530	60	-	-	60
20 ～ 29	1,220	1,130	x	340	-	740	90	-	-	90
30 ～ 49	1,720	1,420	-	470	-	950	300	-	x	230
50 ～ 99	3,110	2,360	x	930	-	990	750	-	390	350
100 ～ 199	1,930	780	-	780	-	-	1,150	-	x	690
200 ～ 499	4,800	1,320	-	1,320	-	-	3,480	-	x	2,810
500 頭 以 上	x	-	-	-	-	-	x	-	-	x
肉用種の肥育用牛及び乳用種なし	2,540	2,540	2,450	40	50	-	-	-	-	-

90 肉 用 牛

(3) 全国農業地域別・飼養頭数規模別（続き）

　ク　飼養状態別飼養頭数（肉用種の肥育用牛及び乳用種飼養頭数規模別）（続き）

単位：頭

区　　分	計	肉　用　種　飼　養					乳　用　種　飼　養			
		小　計	子牛生産	肥育用牛飼養	育成牛飼養	その他の飼養	小　計	育成牛飼養	肥育牛飼養	その他の飼養
関 東・東 山	272,400	144,600	35,000	53,600	510	55,500	127,800	940	15,600	111,300
小　計	243,500	115,700	8,400	51,500	360	55,500	127,800	940	15,600	111,300
1 ～ 9 頭	15,800	15,300	5,700	1,700	110	7,830	510	170	200	130
10 ～ 19	6,510	5,870	640	1,880	x	3,270	640	100	290	250
20 ～ 29	6,170	5,520	900	1,440	-	3,180	650	90	140	420
30 ～ 49	9,220	7,710	720	3,100	-	3,890	1,500	250	400	850
50 ～ 99	20,500	14,000	x	6,840	x	6,580	6,450	x	1,540	4,750
100 ～ 199	25,600	13,200	-	7,520	-	5,720	12,400	x	2,590	9,600
200 ～ 499	47,700	20,100	-	10,200	-	9,880	27,600	-	4,610	23,000
500 頭 以 上	112,000	33,900	-	18,800	-	15,100	78,100	-	5,810	72,300
肉用種の肥育用牛及び乳用種なし	28,900	28,900	26,600	2,120	150	-	-	-	-	-
東　　　　海	121,800	76,900	13,400	35,800	380	27,400	44,900	470	5,630	38,800
小　計	89,700	44,800	2,740	14,400	350	27,400	44,900	470	5,630	38,800
1 ～ 9 頭	6,840	6,520	2,050	420	90	3,980	310	210	70	30
10 ～ 19	3,170	2,820	550	560	x	1,690	350	160	x	160
20 ～ 29	1,660	1,330	x	370	x	790	330	x	90	230
30 ～ 49	5,440	4,750	x	1,860	x	2,680	690	x	210	410
50 ～ 99	12,400	9,380	-	3,220	-	6,160	3,070	-	860	2,210
100 ～ 199	16,600	8,760	-	3,840	-	4,920	7,870	-	2,340	5,530
200 ～ 499	25,100	8,770	-	4,110	-	4,660	16,300	-	2,040	14,200
500 頭 以 上	18,500	x	-	-	-	x	16,000	-	-	16,000
肉用種の肥育用牛及び乳用種なし	32,100	32,100	10,700	21,400	30	-	-	-	-	-
近　　　　畿	89,100	79,200	17,400	27,400	50	34,300	9,980	210	720	9,040
小　計	64,000	54,000	1,190	18,500	10	34,300	9,980	210	720	9,040
1 ～ 9 頭	6,550	6,420	730	440	10	5,240	120	50	40	30
10 ～ 19	2,770	2,610	x	630	-	1,910	160	40	70	50
20 ～ 29	2,880	2,850	-	580	-	2,280	x	-	x	-
30 ～ 49	3,200	3,000	x	900	-	1,950	200	x	x	x
50 ～ 99	9,020	7,840	x	3,560	-	4,040	1,180	x	340	770
100 ～ 199	9,390	7,770	-	2,430	-	5,340	1,620	-	x	1,410
200 ～ 499	10,800	7,240	-	3,000	-	4,230	3,570	-	-	3,570
500 頭 以 上	19,400	16,300	-	6,940	-	9,350	3,100	-	-	3,100
肉用種の肥育用牛及び乳用種なし	25,100	25,100	16,200	8,930	30	-	-	-	-	-
中　　　　国	124,300	78,800	28,700	14,100	60	35,900	45,500	780	1,680	43,100
小　計	97,200	51,600	4,170	11,500	30	35,900	45,500	780	1,680	43,100
1 ～ 9 頭	8,840	8,750	2,500	580	30	5,650	90	40	30	20
10 ～ 19	3,560	3,350	190	470	-	2,680	210	100	x	90
20 ～ 29	2,550	2,330	210	140	-	1,980	220	-	80	140
30 ～ 49	4,770	4,440	420	600	-	3,420	330	-	140	190
50 ～ 99	6,120	5,060	x	1,230	-	3,530	1,060	x	250	580
100 ～ 199	8,140	5,670	x	1,750	-	3,380	2,470	x	x	2,020
200 ～ 499	16,000	5,120	-	x	-	3,150	10,800	x	840	9,730
500 頭 以 上	47,200	16,900	-	4,760	-	12,200	30,300	-	-	30,300
肉用種の肥育用牛及び乳用種なし	27,200	27,200	24,500	2,590	30	-	-	-	-	-
四　　　　国	59,900	26,900	5,880	7,050	20	14,000	32,900	490	3,150	29,300
小　計	53,900	20,900	820	6,090	20	14,000	32,900	490	3,150	29,300
1 ～ 9 頭	3,260	3,050	550	710	20	1,770	210	160	20	30
10 ～ 19	2,310	2,110	220	330	-	1,570	190	110	x	50
20 ～ 29	1,870	1,760	x	650	-	1,050	110	-	x	x
30 ～ 49	2,810	2,410	-	810	-	1,600	400	-	110	290
50 ～ 99	3,690	2,960	-	910	-	2,040	730	x	250	390
100 ～ 199	7,840	4,220	-	2,100	-	2,130	3,620	x	-	3,500
200 ～ 499	12,000	4,420	-	x	-	3,840	7,610	-	x	7,110
500 頭 以 上	20,100	-	-	-	-	-	20,100	-	x	17,900
肉用種の肥育用牛及び乳用種なし	6,020	6,020	5,060	960	10	-	-	-	-	-

単位:頭

区　　分	計	肉　用　種　飼　養					乳　用　種　飼　養			
		小　計	子牛生産	肥育用牛飼養	育成牛飼養	その他の飼養	小　計	育成牛飼養	肥育牛飼養	その他の飼養
九　　　　州	927,100	831,500	345,400	214,200	1,260	270,600	95,600	1,030	14,000	80,600
小　　　計	584,700	489,100	16,900	201,200	440	270,600	95,600	1,030	14,000	80,600
1 ～ 9 頭	92,000	91,700	10,400	9,630	60	71,600	320	210	70	40
10 ～ 19	21,200	20,700	2,320	2,790	-	15,600	520	220	x	270
20 ～ 29	14,500	14,100	1,470	3,800	-	8,800	430	100	160	170
30 ～ 49	24,200	23,600	980	4,790	x	17,500	540	-	210	330
50 ～ 99	43,900	41,700	570	17,000	-	24,200	2,120	x	560	1,360
100 ～ 199	78,800	66,400	x	33,800	-	31,400	12,400	x	4,410	7,700
200 ～ 499	117,700	88,100	-	53,500	-	34,600	29,700	-	6,360	23,300
500 頭 以 上	192,400	142,800	-	75,900	-	66,900	49,600	-	2,180	47,400
肉用種の肥育用牛及び乳用種なし	342,300	342,300	328,500	13,000	820	-	-	-	-	-
沖　　　　縄	79,700	79,700	27,100	1,200	30	51,300	40	-	20	x
小　　　計	52,800	52,800	360	1,150	-	51,300	40	-	20	x
1 ～ 9 頭	33,700	33,700	330	100	-	33,200	x	-	x	x
10 ～ 19	6,100	6,060	x	50	-	5,980	x	-	x	x
20 ～ 29	3,350	3,350	-	-	-	3,350	-	-	-	-
30 ～ 49	2,440	2,440	-	-	-	2,440	-	-	-	-
50 ～ 99	2,000	2,000	-	-	-	2,000	-	-	-	-
100 ～ 199	1,540	1,540	-	-	-	1,540	-	-	-	-
200 ～ 499	1,520	1,520	-	1,000	-	x	-	-	-	-
500 頭 以 上	x	x	-	-	-	x	-	-	-	-
肉用種の肥育用牛及び乳用種なし	26,900	26,900	26,800	50	30	-	-	-	-	-
関 東 農 政 局	291,600	151,900	35,600	57,900	510	57,900	139,600	950	16,500	122,200
小　・　計	260,400	120,800	8,580	53,900	360	57,900	139,600	950	16,500	122,200
1 ～ 9 頭	16,300	15,800	5,880	1,850	110	7,970	520	190	200	140
10 ～ 19	7,100	6,430	640	2,250	x	3,460	670	100	300	270
20 ～ 29	6,410	5,740	900	1,540	-	3,310	670	90	140	440
30 ～ 49	10,400	8,750	720	3,690	-	4,340	1,620	250	480	890
50 ～ 99	22,400	15,400	x	7,370	x	7,380	7,040	x	1,720	5,160
100 ～ 199	29,100	14,700	-	8,230	-	6,480	14,400	x	3,250	11,000
200 ～ 499	52,200	20,100	-	10,200	-	9,880	32,100	-	4,610	27,500
500 頭 以 上	116,500	33,900	-	18,800	-	15,100	82,600	-	5,810	76,800
肉用種の肥育用牛及び乳用種なし	31,100	31,100	27,000	3,950	150	-	-	-	-	-
東 海 農 政 局	102,700	69,600	12,800	31,500	380	24,900	33,100	450	4,690	27,900
小　　　計	72,800	39,800	2,550	11,900	350	24,900	33,100	450	4,690	27,900
1 ～ 9 頭	6,340	6,050	1,860	270	90	3,840	290	200	70	30
10 ～ 19	2,580	2,260	550	190	x	1,500	320	160	x	140
20 ～ 29	1,420	1,110	x	270	x	660	310	x	90	200
30 ～ 49	4,290	3,710	x	1,270	x	2,230	570	x	130	370
50 ～ 99	10,500	8,050	-	2,690	-	5,360	2,480	-	680	1,800
100 ～ 199	13,100	7,300	-	3,130	-	4,170	5,800	-	1,680	4,130
200 ～ 499	20,600	8,770	-	4,110	-	4,660	11,800	-	2,040	9,770
500 頭 以 上	14,000	x	-	-	-	x	11,500	-	-	11,500
肉用種の肥育用牛及び乳用種なし	29,900	29,900	10,300	19,600	30	-	-	-	-	-
中国四国農政局	184,200	105,700	34,600	21,100	90	49,900	78,400	1,270	4,830	72,300
小　　　計	151,000	72,600	5,000	17,600	50	49,900	78,400	1,270	4,830	72,300
1 ～ 9 頭	12,100	11,800	3,040	1,290	50	7,420	310	210	50	50
10 ～ 19	5,870	5,460	410	810	-	4,250	400	200	60	140
20 ～ 29	4,410	4,090	270	780	-	3,030	330	-	140	190
30 ～ 49	7,580	6,850	420	1,410	-	5,020	730	-	250	480
50 ～ 99	9,810	8,020	x	2,140	-	5,570	1,790	320	500	970
100 ～ 199	16,000	9,900	x	3,840	-	5,510	6,090	x	x	5,520
200 ～ 499	28,000	9,540	-	2,560	-	6,980	18,500	x	1,350	16,800
500 頭 以 上	67,300	16,900	-	4,760	-	12,200	50,300	-	x	48,200
肉用種の肥育用牛及び乳用種なし	33,200	33,200	29,600	3,550	40	-	-	-	-	-

(3) 全国農業地域別・飼養頭数規模別（続き）

ケ 飼養状態別飼養戸数（交雑種飼養頭数規模別）

単位：戸

区　　　分	計	肉用種飼養	乳　用　種　飼　養			
			小　計	育成牛飼養	肥育牛飼養	その他の飼養
全　　　国	43,900	41,700	2,210	336	538	1,340
小　　　計	3,950	2,030	1,920	302	441	1,170
1 ～ 4 頭	1,620	1,270	352	185	90	77
5 ～ 19	754	456	298	92	78	128
20 ～ 29	153	71	82	3	27	52
30 ～ 49	193	61	132	9	39	84
50 ～ 99	300	69	231	7	68	156
100 ～ 199	356	48	308	5	71	232
200 ～ 499	341	38	303	1	53	249
500 頭 以 上	227	18	209	－	15	194
交 雑 種 な し	40,000	39,700	296	34	97	165
北　海　道	2,350	1,940	410	39	68	303
小　　　計	672	374	298	26	44	228
1 ～ 4 頭	287	236	51	23	8	20
5 ～ 19	130	89	41	2	12	27
20 ～ 29	24	13	11	－	5	6
30 ～ 49	30	7	23	－	6	17
50 ～ 99	28	11	17	－	1	16
100 ～ 199	42	6	36	－	4	32
200 ～ 499	51	6	45	1	3	41
500 頭 以 上	80	6	74	－	5	69
交 雑 種 な し	1,680	1,570	112	13	24	75
都　府　県	41,600	39,800	1,800	297	470	1,030
小　　　計	3,280	1,660	1,620	276	397	944
1 ～ 4 頭	1,340	1,040	301	162	82	57
5 ～ 19	624	367	257	90	66	101
20 ～ 29	129	58	71	3	22	46
30 ～ 49	163	54	109	9	33	67
50 ～ 99	272	58	214	7	67	140
100 ～ 199	314	42	272	5	67	200
200 ～ 499	290	32	258	－	50	208
500 頭 以 上	147	12	135	－	10	125
交 雑 種 な し	38,300	38,100	184	21	73	90
東　　　北	11,100	10,900	239	26	84	129
小　　　計	548	355	193	23	65	105
1 ～ 4 頭	282	246	36	15	12	9
5 ～ 19	97	74	23	5	8	10
20 ～ 29	18	7	11	－	3	8
30 ～ 49	24	9	15	3	6	6
50 ～ 99	39	12	27	－	13	14
100 ～ 199	42	3	39	－	16	23
200 ～ 499	27	2	25	－	6	19
500 頭 以 上	19	2	17	－	1	16
交 雑 種 な し	10,500	10,500	46	3	19	24
北　　　陸	343	286	57	9	15	33
小　　　計	108	56	52	9	12	31
1 ～ 4 頭	55	42	13	6	2	5
5 ～ 19	15	8	7	3	1	3
20 ～ 29	9	4	5	－	－	5
30 ～ 49	7	1	6	－	1	5
50 ～ 99	8	1	7	－	1	2
100 ～ 199	5	－	5	－	2	3
200 ～ 499	7	－	7	－	1	6
500 頭 以 上	2	－	2	－	－	2
交 雑 種 な し	235	230	5	－	3	2

単位:戸

区　　　分	計	肉用種飼養	乳　用　種　飼　養			
			小　計	育成牛飼養	肥育牛飼養	その他の飼養
関　東・東　山	2,790	2,280	514	53	147	314
小　　　　計	848	383	465	47	130	288
1 ～ 4 頭	306	230	76	27	29	20
5 ～ 19	156	82	74	13	32	29
20 ～ 29	36	16	20	2	5	13
30 ～ 49	46	14	32	3	9	20
50 ～ 99	101	19	82	1	21	60
100 ～ 199	79	13	66	1	15	50
200 ～ 499	74	6	68	-	15	53
500 頭 以 上	50	3	47	-	4	43
交 雑 種 な し	1,950	1,900	49	6	17	26
東　　　　海	1,100	826	277	58	59	160
小　　　　計	376	115	261	53	56	152
1 ～ 4 頭	107	66	41	28	8	5
5 ～ 19	79	34	45	24	6	15
20 ～ 29	15	5	10	-	3	7
30 ～ 49	23	4	19	1	6	12
50 ～ 99	38	2	36	-	12	24
100 ～ 199	49	1	48	-	15	33
200 ～ 499	49	2	47	-	6	41
500 頭 以 上	16	1	15	-	-	15
交 雑 種 な し	727	711	16	5	3	8
近　　　　畿	1,500	1,430	78	16	20	42
小　　　　計	141	66	75	15	18	42
1 ～ 4 頭	55	39	16	10	4	2
5 ～ 19	30	14	16	3	7	6
20 ～ 29	3	2	1	-	1	-
30 ～ 49	9	2	7	1	3	3
50 ～ 99	13	1	12	1	2	9
100 ～ 199	16	3	13	-	1	12
200 ～ 499	10	2	8	-	-	8
500 頭 以 上	5	3	2	-	-	2
交 雑 種 な し	1,360	1,360	3	1	2	-
中　　　　国	2,430	2,290	140	27	33	80
小　　　　計	255	127	128	27	26	75
1 ～ 4 頭	115	84	31	17	11	3
5 ～ 19	48	25	23	6	3	14
20 ～ 29	12	5	7	-	4	3
30 ～ 49	11	4	7	1	1	5
50 ～ 99	18	3	15	2	3	10
100 ～ 199	15	1	14	1	1	12
200 ～ 499	21	3	18	-	3	15
500 頭 以 上	15	2	13	-	-	13
交 雑 種 な し	2,180	2,170	12	-	7	5
四　　　　国	667	518	149	48	23	78
小　　　　計	202	68	134	47	20	67
1 ～ 4 頭	76	34	42	30	6	6
5 ～ 19	42	18	24	15	4	5
20 ～ 29	7	4	3	-	2	1
30 ～ 49	13	4	9	-	2	7
50 ～ 99	13	3	10	1	3	6
100 ～ 199	26	5	21	1	-	20
200 ～ 499	13	-	13	-	1	12
500 頭 以 上	12	-	12	-	2	10
交 雑 種 な し	465	450	15	1	3	11

(3)　全国農業地域別・飼養頭数規模別（続き）

　　ケ　飼養状態別飼養戸数（交雑種飼養頭数規模別）（続き）

単位：戸

区　分	計	肉用種飼養	乳　用　種　飼　養			
			小　計	育成牛飼養	肥育牛飼養	その他の飼養
九　州	19,300	19,000	343	60	86	197
小　計	754	448	306	55	68	183
1 ～ 4 頭	306	261	45	29	9	7
5 ～ 19	150	107	43	21	4	18
20 ～ 29	29	15	14	1	4	9
30 ～ 49	29	15	14	-	5	9
50 ～ 99	42	17	25	2	8	15
100 ～ 199	81	15	66	2	17	47
200 ～ 499	89	17	72	-	18	54
500 頭 以 上	28	1	27	-	3	24
交 雑 種 な し	18,600	18,500	37	5	18	14
沖　縄	2,350	2,340	4	-	3	1
小　計	43	40	3	-	2	1
1 ～ 4 頭	34	33	1	-	1	-
5 ～ 19	7	5	2	-	1	1
20 ～ 29	-	-	-	-	-	-
30 ～ 49	1	1	-	-	-	-
50 ～ 99	-	-	-	-	-	-
100 ～ 199	1	1	-	-	-	-
200 ～ 499	-	-	-	-	-	-
500 頭 以 上	-	-	-	-	-	-
交 雑 種 な し	2,300	2,300	1	-	1	-
関 東 農 政 局	2,910	2,350	564	56	157	351
小　計	910	397	513	49	140	324
1 ～ 4 頭	319	239	80	29	30	21
5 ～ 19	162	86	76	13	33	30
20 ～ 29	37	16	21	2	5	14
30 ～ 49	51	14	37	3	12	22
50 ～ 99	107	19	88	1	23	64
100 ～ 199	93	14	79	1	18	60
200 ～ 499	88	6	82	-	15	67
500 頭 以 上	53	3	50	-	4	46
交 雑 種 な し	2,000	1,950	51	7	17	27
東 海 農 政 局	985	758	227	55	49	123
小　計	314	101	213	51	46	116
1 ～ 4 頭	94	57	37	26	7	4
5 ～ 19	73	30	43	24	5	14
20 ～ 29	14	5	9	-	3	6
30 ～ 49	18	4	14	1	3	10
50 ～ 99	32	2	30	-	10	20
100 ～ 199	35	-	35	-	12	23
200 ～ 499	35	2	33	-	6	27
500 頭 以 上	13	1	12	-	-	12
交 雑 種 な し	671	657	14	4	3	7
中 国 四 国 農 政 局	3,100	2,810	289	75	56	158
小　計	457	195	262	74	46	142
1 ～ 4 頭	191	118	73	47	17	9
5 ～ 19	90	43	47	21	7	19
20 ～ 29	19	9	10	-	6	4
30 ～ 49	24	8	16	1	3	12
50 ～ 99	31	6	25	3	6	16
100 ～ 199	41	6	35	2	1	32
200 ～ 499	34	3	31	-	4	27
500 頭 以 上	27	2	25	-	2	23
交 雑 種 な し	2,640	2,620	27	1	10	16

コ　飼養形態別交雑種飼養頭数（交雑種飼養頭数規模別）

単位：頭

区　　　分	計	肉用種飼養	乳　用　種　飼　養			
			小　計	育成牛飼養	肥育牛飼養	その他の飼養
全　　　　国	495,400	58,300	437,200	3,270	47,900	386,000
1 ～ 4 頭	3,290	2,510	780	430	160	180
5 ～ 19	7,800	4,440	3,360	930	810	1,620
20 ～ 29	3,900	1,800	2,100	70	700	1,330
30 ～ 49	7,770	2,430	5,340	370	1,600	3,370
50 ～ 99	22,900	4,950	18,000	470	5,470	12,000
100 ～ 199	53,800	7,310	46,500	660	10,600	35,200
200 ～ 499	108,800	11,800	97,000	x	15,900	80,700
500 頭 以 上	287,200	23,000	264,200	-	12,700	251,500
北　海　道	146,700	13,400	133,200	400	6,430	126,400
1 ～ 4 頭	550	440	110	50	20	40
5 ～ 19	1,260	830	430	x	110	300
20 ～ 29	610	320	290	-	120	170
30 ～ 49	1,190	260	930	-	250	680
50 ～ 99	1,940	730	1,210	-	x	1,160
100 ～ 199	6,330	880	5,450	-	510	4,940
200 ～ 499	16,600	1,550	15,100	x	950	13,800
500 頭 以 上	118,200	8,430	109,800	-	4,410	105,400
都　府　県	348,800	44,800	303,900	2,870	41,500	259,600
1 ～ 4 頭	2,740	2,070	670	380	150	140
5 ～ 19	6,540	3,610	2,940	920	700	1,320
20 ～ 29	3,290	1,480	1,810	70	580	1,170
30 ～ 49	6,580	2,180	4,400	370	1,340	2,690
50 ～ 99	21,000	4,230	16,800	470	5,420	10,900
100 ～ 199	47,500	6,430	41,000	660	10,100	30,300
200 ～ 499	92,200	10,200	81,900	-	14,900	67,000
500 頭 以 上	169,000	14,600	154,400	-	8,300	146,100
東　　　　北	46,000	8,170	37,800	210	6,620	31,000
1 ～ 4 頭	540	460	80	40	20	20
5 ～ 19	940	680	250	50	80	120
20 ～ 29	490	190	300	-	70	220
30 ～ 49	970	350	620	120	250	250
50 ～ 99	3,120	900	2,220	-	1,120	1,110
100 ～ 199	6,350	410	5,940	-	2,550	3,380
200 ～ 499	8,940	x	8,420	-	1,820	6,600
500 頭 以 上	24,700	x	20,000	-	x	19,300
北　　　　陸	7,160	350	6,810	30	1,090	5,690
1 ～ 4 頭	100	70	30	10	x	10
5 ～ 19	160	80	80	20	x	50
20 ～ 29	230	100	130	-	-	130
30 ～ 49	270	x	240	-	x	200
50 ～ 99	580	x	530	-	380	x
100 ～ 199	790	-	790	-	x	510
200 ～ 499	2,290	-	2,290	-	x	1,920
500 頭 以 上	x	-	x	-	-	x

注：各階層の飼養者が飼養している交雑種の頭数である。

(3) 全国農業地域別・飼養頭数規模別（続き）

コ 飼養状態別交雑種飼養頭数（交雑種飼養頭数規模別）（続き）

単位：頭

区　　　分	計	肉用種飼養	乳　用　種　飼　養			
			小　計	育成牛飼養	肥育牛飼養	その他の飼養
関 東 ・ 東 山	100,700	9,810	90,900	510	13,000	77,400
1 ～ 4 頭	650	480	170	60	60	50
5 ～ 19	1,660	800	870	130	350	390
20 ～ 29	900	400	500	x	140	320
30 ～ 49	1,850	560	1,290	120	370	800
50 ～ 99	7,740	1,380	6,360	x	1,620	4,680
100 ～ 199	12,000	2,020	9,930	x	2,060	7,770
200 ～ 499	23,200	1,820	21,300	-	4,680	16,700
500 頭 以 上	52,800	2,360	50,500	-	3,740	46,700
東　　　　海	40,900	2,380	38,500	340	5,220	33,000
1 ～ 4 頭	240	140	100	80	10	10
5 ～ 19	820	350	470	230	60	180
20 ～ 29	370	130	250	-	80	170
30 ～ 49	920	150	770	x	250	490
50 ～ 99	2,960	x	2,780	-	960	1,820
100 ～ 199	7,110	x	6,970	-	2,170	4,800
200 ～ 499	15,300	x	14,600	-	1,690	12,900
500 頭 以 上	13,200	x	12,600	-	-	12,600
近　　　　畿	11,900	4,040	7,840	180	560	7,100
1 ～ 4 頭	130	90	40	30	10	x
5 ～ 19	330	170	160	40	60	70
20 ～ 29	80	x	x	-	x	-
30 ～ 49	390	x	290	x	120	120
50 ～ 99	950	x	890	x	x	670
100 ～ 199	2,430	430	2,000	-	x	1,810
200 ～ 499	3,490	x	2,710	-	-	2,710
500 頭 以 上	4,100	2,390	x	-	-	x
中　　　　国	36,200	6,040	30,100	460	1,370	28,300
1 ～ 4 頭	200	150	50	30	10	10
5 ～ 19	560	260	300	80	40	180
20 ～ 29	290	120	170	-	90	70
30 ～ 49	450	160	290	x	x	200
50 ～ 99	1,290	220	1,070	x	210	700
100 ～ 199	2,180	x	2,040	x	x	1,730
200 ～ 499	6,980	1,050	5,930	-	820	5,110
500 頭 以 上	24,200	x	20,300	-	-	20,300
四　　　　国	27,100	1,450	25,700	380	2,790	22,500
1 ～ 4 頭	170	70	90	70	10	20
5 ～ 19	400	150	250	140	50	60
20 ～ 29	170	100	80	-	x	x
30 ～ 49	470	140	340	-	x	270
50 ～ 99	1,010	200	810	x	250	500
100 ～ 199	3,820	790	3,030	x	-	2,910
200 ～ 499	3,850	-	3,850	-	x	3,640
500 頭 以 上	17,200	-	17,200	-	x	15,100

単位:頭

区 分	計	肉用種飼養	乳 用 種 飼 養			
			小 計	育成牛飼養	肥育牛飼養	その他の飼養
九　　　　州	78,300	12,200	66,100	760	10,800	54,600
1 ～ 4 頭	630	520	110	80	10	20
5 ～ 19	1,560	1,050	510	230	40	240
20 ～ 29	770	390	370	x	110	240
30 ～ 49	1,200	630	560	-	200	360
50 ～ 99	3,330	1,240	2,100	x	720	1,240
100 ～ 199	12,600	2,270	10,300	x	2,640	7,390
200 ～ 499	28,200	5,380	22,800	-	5,350	17,400
500 頭 以 上	30,000	x	29,300	-	1,720	27,600
沖　　　　縄	510	450	60	-	x	x
1 ～ 4 頭	90	90	x	-	x	-
5 ～ 19	120	70	x	-	x	x
20 ～ 29	-	-	-	-	-	-
30 ～ 49	x	x	-	-	-	-
50 ～ 99	-	-	-	-	-	-
100 ～ 199	x	x	-	-	-	-
200 ～ 499	-	-	-	-	-	-
500 頭 以 上	-	-	-	-	-	-
関 東 農 政 局	111,300	10,000	101,300	520	13,800	86,900
1 ～ 4 頭	690	500	190	70	60	60
5 ～ 19	1,730	840	890	130	360	400
20 ～ 29	920	400	530	x	140	340
30 ～ 49	2,040	560	1,480	120	500	870
50 ～ 99	8,240	1,380	6,860	x	1,800	5,000
100 ～ 199	14,200	2,160	12,000	x	2,570	9,340
200 ～ 499	27,400	1,820	25,600	-	4,680	20,900
500 頭 以 上	56,100	2,360	53,700	-	3,740	50,000
東 海 農 政 局	30,400	2,180	28,200	330	4,390	23,500
1 ～ 4 頭	200	120	90	70	10	10
5 ～ 19	750	310	440	230	50	170
20 ～ 29	350	130	220	-	80	150
30 ～ 49	730	150	580	x	130	420
50 ～ 99	2,460	x	2,280	-	780	1,500
100 ～ 199	4,890	-	4,890	-	1,660	3,230
200 ～ 499	11,100	x	10,400	-	1,690	8,690
500 頭 以 上	9,940	x	9,330	-	-	9,330
中 国 四 国 農 政 局	63,300	7,490	55,800	840	4,160	50,800
1 ～ 4 頭	370	220	140	100	20	20
5 ～ 19	960	410	550	220	90	240
20 ～ 29	460	220	240	-	150	90
30 ～ 49	930	300	630	x	110	470
50 ～ 99	2,290	420	1,870	220	460	1,200
100 ～ 199	5,990	930	5,060	x	x	4,640
200 ～ 499	10,800	1,050	9,780	-	1,030	8,750
500 頭 以 上	41,500	x	37,500		x	35,400

(3) 全国農業地域別・飼養頭数規模別（続き）

サ 飼養状態別飼養戸数（ホルスタイン種他飼養頭数規模別）

単位：戸

区　　　分	計	肉用種飼養	乳　用　種　飼　養			
			小　計	育成牛飼養	肥育牛飼養	その他の飼養
全　　　　国	43,900	41,700	2,210	336	538	1,340
小　　　　計	1,660	718	946	142	144	660
1 ～ 4 頭	891	586	305	115	59	131
5 ～ 19	228	88	140	19	26	95
20 ～ 29	47	16	31	1	6	24
30 ～ 49	55	11	44	3	11	30
50 ～ 99	69	9	60	2	8	50
100 ～ 199	107	5	102	1	21	80
200 ～ 499	138	2	136	1	8	127
500 頭 以 上	129	1	128	-	5	123
ホルスタイン種他なし	42,300	41,000	1,270	194	394	677
北　海　道	2,350	1,940	410	39	68	303
小　　　　計	504	200	304	21	38	245
1 ～ 4 頭	215	165	50	18	11	21
5 ～ 19	53	24	29	1	7	21
20 ～ 29	12	3	9	1	3	5
30 ～ 49	20	4	16	-	4	12
50 ～ 99	19	2	17	-	1	16
100 ～ 199	35	2	33	1	6	26
200 ～ 499	59	-	59	-	2	57
500 頭 以 上	91	-	91	-	4	87
ホルスタイン種他なし	1,850	1,740	106	18	30	58
都　府　県	41,600	39,800	1,800	297	470	1,030
小　　　　計	1,160	518	642	121	106	415
1 ～ 4 頭	676	421	255	97	48	110
5 ～ 19	175	64	111	18	19	74
20 ～ 29	35	13	22	-	3	19
30 ～ 49	35	7	28	3	7	18
50 ～ 99	50	7	43	2	7	34
100 ～ 199	72	3	69	-	15	54
200 ～ 499	79	2	77	1	6	70
500 頭 以 上	38	1	37	-	1	36
ホルスタイン種他なし	40,400	39,300	1,160	176	364	619
東　　　　北	11,100	10,900	239	26	84	129
小　　　　計	206	106	100	9	22	69
1 ～ 4 頭	124	93	31	7	6	18
5 ～ 19	25	10	15	1	2	12
20 ～ 29	2	1	1	-	-	1
30 ～ 49	6	1	5	-	2	3
50 ～ 99	9	-	9	1	1	7
100 ～ 199	17	1	16	-	7	9
200 ～ 499	16	-	16	-	4	12
500 頭 以 上	7	-	7	-	-	7
ホルスタイン種他なし	10,900	10,700	139	17	62	60
北　　　　陸	343	286	57	9	15	33
小　　　　計	37	15	22	-	4	18
1 ～ 4 頭	20	12	8	-	2	6
5 ～ 19	7	2	5	-	1	4
20 ～ 29	2	1	1	-	-	1
30 ～ 49	1	-	1	-	-	1
50 ～ 99	2	-	2	-	-	2
100 ～ 199	1	-	1	-	-	1
200 ～ 499	2	-	2	-	1	1
500 頭 以 上	2	-	2	-	-	2
ホルスタイン種他なし	306	271	35	9	11	15

注：「ホルスタイン種他」とは、交雑種を除く肉用目的に飼養している乳用種のおす牛及び未経産のめす牛をいう（以下シにおいて同じ。）。

単位:戸

区　　　　分	計	肉用種飼養	乳　用　種　飼　養			
			小　計	育成牛飼養	肥育牛飼養	その他の飼養
関 東 ・ 東 山	2,790	2,280	514	53	147	314
小　　　　　　計	292	126	166	25	27	114
1 ～ 4 頭	173	105	68	19	14	35
5 ～ 19	47	16	31	4	6	21
20 ～ 29	9	4	5	－	1	4
30 ～ 49	9	－	9	1	2	6
50 ～ 99	7	1	6	1	2	3
100 ～ 199	15	－	15	－	1	14
200 ～ 499	17	－	17	－	－	17
500 頭 以 上	15	－	15	－	1	14
ホ ル ス タ イ ン	2,500	2,150	348	28	120	200
種 他 な し						
東　　　　海	1,100	826	277	58	59	160
小　　　　　　計	110	34	76	27	8	41
1 ～ 4 頭	74	28	46	24	5	17
5 ～ 19	16	5	11	2	2	7
20 ～ 29	2	－	2	－	－	2
30 ～ 49	2	－	2	1	－	1
50 ～ 99	4	1	3	－	－	3
100 ～ 199	7	－	7	－	1	6
200 ～ 499	3	－	3	－	－	3
500 頭 以 上	2	－	2	－	－	2
ホ ル ス タ イ ン	993	792	201	31	51	119
種 他 な し						
近　　　　畿	1,500	1,430	78	16	20	42
小　　　　　　計	46	18	28	4	6	18
1 ～ 4 頭	24	13	11	2	4	5
5 ～ 19	13	2	11	2	2	7
20 ～ 29	4	2	2	－	－	2
30 ～ 49	1	－	1	－	－	1
50 ～ 99	3	1	2	－	－	2
100 ～ 199	－	－	－	－	－	－
200 ～ 499	1	－	1	－	－	1
500 頭 以 上	－	－	－	－	－	－
ホ ル ス タ イ ン	1,460	1,410	50	12	14	24
種 他 な し						
中　　　　国	2,430	2,290	140	27	33	80
小　　　　　　計	105	43	62	5	12	45
1 ～ 4 頭	53	34	19	3	7	9
5 ～ 19	16	6	10	1	4	5
20 ～ 29	3	－	3	－	－	3
30 ～ 49	4	2	2	－	1	1
50 ～ 99	6	－	6	－	－	6
100 ～ 199	6	－	6	－	－	6
200 ～ 499	12	1	11	1	－	10
500 頭 以 上	5	－	5	－	－	5
ホ ル ス タ イ ン	2,330	2,250	78	22	21	35
種 他 な し						
四　　　　国	667	518	149	48	23	78
小　　　　　　計	74	16	58	16	5	37
1 ～ 4 頭	33	10	23	14	2	7
5 ～ 19	15	4	11	1	1	9
20 ～ 29	3	－	3	－	－	3
30 ～ 49	4	1	3	1	1	1
50 ～ 99	3	1	2	－	－	2
100 ～ 199	7	－	7	－	1	6
200 ～ 499	9	－	9	－	－	9
500 頭 以 上	－	－	－	－	－	－
ホ ル ス タ イ ン	593	502	91	32	18	41
種 他 な し						

(3) 全国農業地域別・飼養頭数規模別（続き）

サ 飼養状態別飼養戸数（ホルスタイン種他飼養頭数規模別）（続き）

単位：戸

区　　分	計	肉用種飼養	乳　用　種　飼　養			
			小　計	育成牛飼養	肥育牛飼養	その他の飼養
九　　　　　州	19,300	19,000	343	60	86	197
小　　　　計	276	147	129	35	21	73
1 ～ 4 頭	163	115	48	28	7	13
5 ～ 19	34	17	17	7	1	9
20 ～ 29	10	5	5	-	2	3
30 ～ 49	8	3	5	-	1	4
50 ～ 99	16	3	13	-	4	9
100 ～ 199	19	2	17	-	5	12
200 ～ 499	19	1	18	-	1	17
500 頭 以 上	7	1	6	-	-	6
ホルスタイン種他なし	19,000	18,800	214	25	65	124
沖　　　　　縄	2,350	2,340	4	-	3	1
小　　　　計	14	13	1	-	1	-
1 ～ 4 頭	12	11	1	-	1	-
5 ～ 19	2	2	-	-	-	-
20 ～ 29	-	-	-	-	-	-
30 ～ 49	-	-	-	-	-	-
50 ～ 99	-	-	-	-	-	-
100 ～ 199	-	-	-	-	-	-
200 ～ 499	-	-	-	-	-	-
500 頭 以 上	-	-	-	-	-	-
ホルスタイン種他なし	2,330	2,330	3	-	2	1
関 東 農 政 局	2,910	2,350	564	56	157	351
小　　　　計	305	131	174	26	28	120
1 ～ 4 頭	181	110	71	20	14	37
5 ～ 19	47	16	31	4	6	21
20 ～ 29	9	4	5	-	1	4
30 ～ 49	10	-	10	1	2	7
50 ～ 99	8	1	7	1	2	4
100 ～ 199	17	-	17	-	2	15
200 ～ 499	17	-	17	-	-	17
500 頭 以 上	16	-	16	-	1	15
ホルスタイン種他なし	2,610	2,220	390	30	129	231
東 海 農 政 局	985	758	227	55	49	123
小　　　　計	97	29	68	26	7	35
1 ～ 4 頭	66	23	43	23	5	15
5 ～ 19	16	5	11	2	2	7
20 ～ 29	2	-	2	-	-	2
30 ～ 49	1	-	1	1	-	-
50 ～ 99	3	1	2	-	-	2
100 ～ 199	5	-	5	-	-	5
200 ～ 499	3	-	3	-	-	3
500 頭 以 上	1	-	1	-	-	1
ホルスタイン種他なし	888	729	159	29	42	88
中 国 四 国 農 政 局	3,100	2,810	289	75	56	158
小　　　　計	179	59	120	21	17	82
1 ～ 4 頭	86	44	42	17	9	16
5 ～ 19	31	10	21	2	5	14
20 ～ 29	6	-	6	-	-	6
30 ～ 49	8	3	5	1	2	2
50 ～ 99	9	1	8	-	-	8
100 ～ 199	13	-	13	-	1	12
200 ～ 499	21	1	20	1	-	19
500 頭 以 上	5	-	5	-	-	5
ホルスタイン種他なし	2,920	2,750	169	54	39	76

シ　飼養状態別ホルスタイン種他飼養頭数（ホルスタイン種他飼養頭数規模別）

単位：頭

| 区　　分 | 計 | 肉用種飼養 | 乳　用　種　飼　養 | | | |
			小　計	育成牛飼養	肥育牛飼養	その他の飼養
全　　　　国	267,900	5,470	262,500	1,050	11,800	249,700
1 ～ 4 頭	1,710	1,060	650	230	140	280
5 ～ 19	2,440	980	1,460	170	290	1,010
20 ～ 29	1,230	430	800	x	170	600
30 ～ 49	2,320	460	1,860	100	460	1,300
50 ～ 99	5,440	740	4,700	x	620	3,930
100 ～ 199	16,600	780	15,800	x	3,180	12,500
200 ～ 499	47,200	x	46,700	x	2,750	43,800
500 頭 以 上	190,900	x	190,400	-	4,150	186,300
北　海　道	182,000	1,290	180,700	230	5,490	175,000
1 ～ 4 頭	390	290	100	30	20	40
5 ～ 19	540	240	300	x	70	230
20 ～ 29	300	80	230	x	80	120
30 ～ 49	850	180	670		180	490
50 ～ 99	1,490	x	1,280	-	x	1,210
100 ～ 199	5,430	x	5,110	x	940	4,020
200 ～ 499	21,000	-	21,000	-	x	20,100
500 頭 以 上	152,000	-	152,000	-	3,250	148,700
都　府　県	85,900	4,180	81,800	820	6,260	74,700
1 ～ 4 頭	1,320	770	550	190	120	240
5 ～ 19	1,900	740	1,160	160	220	770
20 ～ 29	920	350	570	-	90	480
30 ～ 49	1,480	290	1,190	100	270	820
50 ～ 99	3,950	540	3,420	x	540	2,720
100 ～ 199	11,200	470	10,700		2,240	8,490
200 ～ 499	26,200	x	25,700	x	1,870	23,600
500 頭 以 上	39,000	x	38,400	-	x	37,500
東　　　　北	18,200	450	17,700	120	2,510	15,100
1 ～ 4 頭	250	170	80	20	20	40
5 ～ 19	280	110	170	x	x	150
20 ～ 29	x	x	x	-	-	x
30 ～ 49	280	x	240	-	x	170
50 ～ 99	740	-	740	x	x	590
100 ～ 199	2,660	x	2,550		1,020	1,530
200 ～ 499	5,360	-	5,360		1,320	4,040
500 頭 以 上	8,560	-	8,560	-	-	8,560
北　　　　陸	2,580	50	2,530	-	300	2,230
1 ～ 4 頭	30	10	20	-	x	20
5 ～ 19	50	x	40	-	x	30
20 ～ 29	x	x	x	-	-	x
30 ～ 49	x	-	x	-	-	x
50 ～ 99	x	x	x	-	-	x
100 ～ 199	x	x	x	-	-	x
200 ～ 499	x	x	x	-	x	x
500 頭 以 上	x	x	x	-	-	x

注：各階層の飼養者が飼養しているホルスタイン種他の頭数である。

(3) 全国農業地域別・飼養頭数規模別（続き）

シ 飼養状態別ホルスタイン種他飼養頭数（ホルスタイン種他飼養頭数規模別）（続き）

単位:頭

区 分	計	肉用種飼養	乳 用 種 飼 養			
			小 計	育成牛飼養	肥育牛飼養	その他の飼養
関 東 ・ 東 山	25,500	560	24,900	170	1,410	23,400
1 ～ 4 頭	320	190	130	30	30	70
5 ～ 19	550	220	330	50	70	210
20 ～ 29	240	110	130	－	x	110
30 ～ 49	390	－	390	x	x	280
50 ～ 99	490	x	440	x	x	210
100 ～ 199	2,180	－	2,180	－	x	2,060
200 ～ 499	4,900	－	4,900	－	－	4,900
500 頭 以 上	16,400	－	16,400	－	x	15,500
東 海	5,030	210	4,820	100	160	4,560
1 ～ 4 頭	150	60	100	50	20	30
5 ～ 19	170	60	100	x	x	70
20 ～ 29	x	－	x	－	－	x
30 ～ 49	x	－	x	x	－	x
50 ～ 99	350	x	260	－	－	260
100 ～ 199	1,140	－	1,140	－	x	1,020
200 ～ 499	1,440	－	1,440	－	－	1,440
500 頭 以 上	x	－	x	－	－	x
近 畿	1,070	200	870	20	30	810
1 ～ 4 頭	60	40	30	x	10	10
5 ～ 19	140	x	120	x	x	70
20 ～ 29	120	x	x	－	－	x
30 ～ 49	x	－	x	－	－	x
50 ～ 99	240	x	x	－	－	x
100 ～ 199	－	－	－	－	－	－
200 ～ 499	x	－	x	－	－	x
500 頭 以 上	－	－	－	－	－	－
中 国	10,000	440	9,570	230	100	9,240
1 ～ 4 頭	80	50	40	0	10	20
5 ～ 19	180	70	120	x	50	50
20 ～ 29	60	－	60	－	－	60
30 ～ 49	140	x	x	－	x	x
50 ～ 99	450	－	450	－	－	450
100 ～ 199	880	－	880	－	－	880
200 ～ 499	4,010	x	3,760	x	－	3,540
500 頭 以 上	4,200	－	4,200	－	－	4,200
四 国	4,290	170	4,120	60	200	3,860
1 ～ 4 頭	70	20	50	30	x	20
5 ～ 19	160	30	120	x	x	100
20 ～ 29	70	－	70	－	－	70
30 ～ 49	150	x	110	x	x	x
50 ～ 99	260	x	x	－	－	x
100 ～ 199	1,100	－	1,100	－	x	960
200 ～ 499	2,500	－	2,500	－	－	2,500
500 頭 以 上	－	－	－	－	－	－

単位:頭

区　　　　分	計	肉用種飼養	乳　用　種　飼　養			
			小　計	育成牛飼養	肥育牛飼養	その他の飼養
九　　　　州	19,200	2,030	17,200	120	1,540	15,500
1 ～ 4 頭	320	210	110	60	20	30
5 ～ 19	340	190	150	60	x	90
20 ～ 29	270	120	150	-	x	90
30 ～ 49	350	150	200	-	x	160
50 ～ 99	1,300	240	1,060	-	310	750
100 ～ 199	3,060	x	2,700	-	840	1,860
200 ～ 499	6,780	x	6,530	-	x	6,280
500 頭 以 上	6,800	x	6,270	-	-	6,270
沖　　　　縄	80	80	x	-	x	-
1 ～ 4 頭	50	40	x	-	x	-
5 ～ 19	x	x	-	-	-	-
20 ～ 29	-	-	-	-	-	-
30 ～ 49	-	-	-	-	-	-
50 ～ 99	-	-	-	-	-	-
100 ～ 199	-	-	-	-	-	-
200 ～ 499	-	-	-	-	-	-
500 頭 以 上	-	-	-	-	-	-
関 東 農 政 局	26,700	570	26,200	170	1,530	24,400
1 ～ 4 頭	330	190	140	40	30	70
5 ～ 19	550	220	330	50	70	210
20 ～ 29	240	110	130	-	x	110
30 ～ 49	430	-	430	x	x	320
50 ～ 99	590	x	530	x	x	300
100 ～ 199	2,500	-	2,500	-	x	2,260
200 ～ 499	4,900	-	4,900	-	-	4,900
500 頭 以 上	17,200	-	17,200	-	x	16,300
東 海 農 政 局	3,800	200	3,600	100	40	3,470
1 ～ 4 頭	140	50	90	50	20	30
5 ～ 19	170	60	100	x	x	70
20 ～ 29	x	-	x	-	-	x
30 ～ 49	x	-	x	x	-	-
50 ～ 99	250	x	x	-	-	x
100 ～ 199	820	-	820	-	-	820
200 ～ 499	1,440	-	1,440	-	-	1,440
500 頭 以 上	x	-	x	-	-	x
中 国 四 国 農 政 局	14,300	600	13,700	290	300	13,100
1 ～ 4 頭	150	70	80	30	10	40
5 ～ 19	340	100	240	x	70	150
20 ～ 29	130	-	130	-	-	130
30 ～ 49	290	100	190	x	x	x
50 ～ 99	710	x	630	-	-	630
100 ～ 199	1,980	-	1,980	-	x	1,840
200 ～ 499	6,510	x	6,250	x	-	6,040
500 頭 以 上	4,200	-	4,200	-	-	4,200

Ⅲ　累　年　統　計　表

1 乳用牛

(1) 飼養戸数・頭数（全国）（昭和35年〜令和2年）

区　分	飼養戸数	飼　養　頭　数				
		合　計 (3)+(8)	成　畜（2歳以上）			
			計	経　産　牛		
				小　計	搾　乳　牛	乾　乳　牛
	(1)	(2)	(3)	(4)	(5)	(6)
	戸	頭	頭	頭	頭	頭
昭和 35 年 (1)	410,400	823,500	519,500	455,100	382,600	72,400
36 (2)	413,000	884,900	563,800	486,100	410,300	75,900
37 (3)	415,700	1,001,700	637,300	556,500	468,200	88,300
38 (4)	417,600	1,145,400	729,200	636,200	538,300	97,900
39 (5)	402,500	1,238,300	795,300	695,000	585,200	109,800
40 (6)	381,600	1,289,000	859,400	753,400	633,800	119,700
41 (7)	360,700	1,310,000	884,800	785,600	664,700	120,900
42 (8)	346,900	1,376,000	913,600	819,800	691,600	128,300
43 (9)	336,700	1,489,000	967,500	865,600	734,900	130,700
44 (10)	324,400	1,663,000	1,098,000	967,100	815,500	151,500
45 (11)	307,600	1,804,000	1,198,000	1,060,000	884,900	174,900
46 (12)	279,300	1,856,000	1,245,000	1,105,000	912,300	192,300
47 (13)	242,900	1,819,000	1,235,000	1,111,000	918,000	193,100
48 (14)	212,300	1,780,000	1,213,000	1,097,000	909,400	187,200
49 (15)	178,600	1,752,000	1,215,000	1,094,000	899,600	194,400
50 (16)	160,100	1,787,000	1,235,000	1,111,000	910,000	200,900
51 (17)	147,100	1,811,000	1,275,000	1,132,000	927,800	203,900
52 (18)	136,500	1,888,000	1,324,000	1,176,000	967,800	207,800
53 (19)	129,400	1,979,000	1,377,000	1,228,000	1,013,000	215,300
54 (20)	123,300	2,067,000	1,447,000	1,292,000	1,072,000	220,000
55 (21)	115,400	2,091,000	1,422,000	1,291,000	1,066,000	225,000
56 (22)	106,000	2,104,000	1,457,000	1,305,000	1,075,000	230,800
57 (23)	98,900	2,103,000	1,461,000	1,312,000	1,082,000	229,800
58 (24)	92,600	2,098,000	1,469,000	1,322,000	1,096,000	226,100
59 (25)	87,400	2,110,000	1,474,000	1,324,000	1,101,000	223,800
60 (26)	82,400	2,111,000	1,464,000	1,322,000	1,101,000	221,300
61 (27)	78,500	2,103,000	1,460,000	1,315,000	1,099,000	216,000
62 (28)	74,500	2,049,000	1,417,000	1,278,000	1,051,000	226,900
63 (29)	70,600	2,017,000	1,387,000	1,253,000	1,043,000	210,200
平成 元 (30)	66,700	2,031,000	1,398,000	1,265,000	1,066,000	198,700
2 (31)	63,300	2,058,000	…	1,285,000	1,081,000	204,700
3 (32)	59,800	2,068,000	1,414,000	1,285,000	1,082,000	203,300
4 (33)	55,100	2,082,000	1,418,000	1,282,000	1,081,000	200,400
5 (34)	50,900	2,068,000	1,416,000	1,281,000	1,084,000	196,600
6 (35)	47,600	2,018,000	1,383,000	1,247,000	1,052,000	194,500
7 (36)	44,300	1,951,000	1,342,000	1,213,000	1,034,000	178,700
8 (37)	41,600	1,927,000	1,334,000	1,211,000	1,035,000	175,800
9 (38)	39,400	1,899,000	1,320,000	1,205,000	1,032,000	172,600
10 (39)	37,400	1,860,000	1,301,000	1,190,000	1,022,000	168,100
11 (40)	35,400	1,816,000	1,279,000	1,171,000	1,008,000	163,500
12 (41)	33,600	1,764,000	1,251,000	1,150,000	991,800	157,900
13 (42)	32,200	1,725,000	1,221,000	1,124,000	971,300	153,100
14 (43)	31,000	1,726,000	1,219,000	1,126,000	966,100	160,300
15 (44)	29,800	1,719,000	1,210,000	1,120,000	964,200	156,000
16 (45)	28,800	1,690,000	1,180,000	1,088,000	935,800	152,000
17 (46)	27,700	1,655,000	1,145,000	1,055,000	910,100	144,900
18 (47)	26,600	1,636,000	1,131,000	1,046,000	900,000	146,100
19 (48)	25,400	1,592,000	1,093,000	1,011,000	871,200	140,100
20 (49)	24,400	1,533,000	1,075,000	998,200	861,500	136,700
21 (50)	23,100	1,500,000	1,055,000	985,200	848,000	137,200
22 (51)	21,900	1,484,000	1,029,000	963,800	829,700	134,100
23 (52)	21,000	1,467,000	999,600	932,900	804,700	128,200
24 (53)	20,100	1,449,000	1,012,000	942,600	812,700	129,900
25 (54)	19,400	1,423,000	992,100	923,400	798,300	125,100
26 (55)	18,600	1,395,000	957,800	893,400	772,500	121,000
27 (56)	17,700	1,371,000	934,100	869,700	750,100	119,600
28 (57)	17,000	1,345,000	936,700	871,000	751,700	119,300
29 (58)	16,400	1,323,000	913,800	852,100	735,200	116,900
30 (59)	15,700	1,328,000	906,900	847,200	731,100	116,100
31 (旧) (60)	15,000	1,332,000	900,500	839,200	729,500	109,700
31 (新) (61)	14,900	1,339,000	903,700	840,700	717,000	123,700
令和 2 (62)	14,400	1,352,000	900,300	838,900	715,400	123,500

注： 1 統計数値は、四捨五入の関係で内訳と計は必ずしも一致しない（以下同じ）。
　　 2 昭和35年は畜産基本調査、昭和36年から昭和43年までは農業調査、昭和44年から平成15年までは畜産基本調査（ただし、昭和50年、昭和55年、昭和60年、平成2年、平成7年及び平成12年は畜産予察調査、情報収集等による。）、平成16年から平成31年（旧）までは畜産統計調査である（以下同じ）。
　　 3 平成31年（新）及び令和2年は牛個体識別全国データベース等の行政記録情報や関係統計により集計した加工統計である。なお、平成31年（新）は参考値である（以下同じ）。
　　 4 昭和47年以前は沖縄を含まない（以下2において同じ）。また、昭和48年から昭和53年までの乳用牛の状態別頭数に沖縄は含まない。
　　 5 令和2年の対前年比は、平成31年（新）の数値を用いた（以下(2)及び2(1)から(2)までにおいて同じ）。
　　 1)は2歳未満を含む。

未 経 産 牛		子　畜 （2歳未満の 未経産牛）	搾 乳 牛 頭 数 割 合 (5)／(4)	子　畜 頭 数 割 合 (8)／(2)	1 戸 当 た り 飼 養 頭 数 (2)／(1)	対 前 年 比		
						飼 養 戸 数	飼 養 頭 数	
(7)		(8)	(9)	(10)	(11)	(12)	(13)	
	頭	頭	%	%	頭	%	%	
	64,400	304,000	84.1	36.9	2.0	105.7	109.6	(1)
	77,700	321,100	84.4	36.3	2.1	100.6	107.5	(2)
	80,800	364,400	84.1	36.4	2.4	100.7	113.2	(3)
	92,900	416,200	84.6	36.3	2.7	100.5	114.3	(4)
	100,200	443,100	84.2	35.8	3.1	96.4	108.1	(5)
	106,000	429,600	84.1	33.3	3.4	94.8	104.1	(6)
	99,200	425,200	84.6	32.5	3.6	94.5	101.6	(7)
	93,800	462,500	84.4	33.6	4.0	96.2	105.0	(8)
	101,900	521,200	84.9	35.0	4.4	97.1	108.2	(9)
	130,600	565,700	84.3	34.0	5.1	96.3	111.7	(10)
	138,000	606,600	83.5	33.6	5.9	94.8	108.5	(11)
	140,400	611,200	82.6	32.9	6.6	90.8	102.9	(12)
	124,200	583,800	82.6	32.1	7.5	87.0	98.0	(13)
	116,700	563,900	82.9	31.7	8.4	87.4	97.6	(14)
	121,400	534,000	82.2	30.5	9.8	84.1	98.4	(15)
	124,100	549,700	81.9	30.8	11.2	89.6	102.0	(16)
	143,600	533,300	82.0	29.4	12.3	91.9	101.3	(17)
	148,600	559,800	82.3	29.7	13.8	92.8	104.3	(18)
	148,900	597,700	82.5	30.2	15.3	94.8	104.8	(19)
	155,200	619,500	83.0	30.0	16.8	95.3	104.4	(20)
	131,000	669,000	82.6	32.0	18.1	93.6	101.2	(21)
	151,200	647,800	82.4	30.8	19.8	91.9	100.6	(22)
	149,400	641,500	82.5	30.5	21.3	93.3	100.0	(23)
	146,700	629,700	82.9	30.0	22.7	93.6	99.8	(24)
	149,400	635,900	83.2	30.1	24.1	94.4	100.6	(25)
	140,800	648,600	83.3	30.7	25.6	94.3	100.0	(26)
	145,100	643,100	83.6	30.6	26.8	95.3	99.6	(27)
	139,500	631,600	82.2	30.8	27.5	94.9	97.4	(28)
	134,000	629,400	83.2	31.2	28.6	94.8	98.4	(29)
	132,700	633,200	84.3	31.2	30.4	94.5	100.7	(30)
1)	772,600	…	84.1	nc	32.5	94.9	101.3	(31)
	129,000	654,100	84.2	31.6	34.6	94.5	100.5	(32)
	136,300	663,500	84.3	31.9	37.8	92.1	100.7	(33)
	135,000	651,600	84.6	31.5	40.6	92.4	99.3	(34)
	136,600	635,300	84.4	31.5	42.4	93.5	97.6	(35)
	129,200	609,700	85.2	31.3	44.0	93.1	96.7	(36)
	123,200	593,300	85.5	30.8	46.3	93.9	98.8	(37)
	115,300	578,400	85.6	30.5	48.2	94.7	98.5	(38)
	111,000	558,600	85.9	30.0	49.7	94.9	97.9	(39)
	107,200	537,400	86.1	29.6	51.3	94.7	97.6	(40)
	101,400	513,200	86.2	29.1	52.5	94.9	97.1	(41)
	96,200	504,700	86.4	29.3	53.6	95.8	97.8	(42)
	92,700	506,700	85.8	29.4	55.7	96.3	100.1	(43)
	89,400	509,200	86.1	29.6	57.7	96.1	99.6	(44)
	92,100	510,500	86.0	30.2	58.7	96.6	98.3	(45)
	89,800	510,200	86.3	30.8	59.7	96.2	97.9	(46)
	84,600	505,300	86.0	30.9	61.5	96.0	98.9	(47)
	81,200	499,600	86.2	31.4	62.7	95.5	97.3	(48)
	76,500	458,100	86.3	29.9	62.8	96.1	96.3	(49)
	69,600	445,100	86.1	29.7	64.9	94.7	97.8	(50)
	65,600	454,900	86.1	30.7	67.8	94.8	98.9	(51)
	66,700	467,800	86.3	31.9	69.9	95.9	98.9	(52)
	69,700	436,700	86.2	30.1	72.1	95.7	98.8	(53)
	68,700	431,300	86.5	30.3	73.4	96.5	98.2	(54)
	64,400	436,800	86.5	31.3	75.0	95.9	98.0	(55)
	64,400	437,200	86.2	31.9	77.5	95.2	98.3	(56)
	65,800	408,300	86.3	30.4	79.1	96.0	98.1	(57)
	61,700	409,300	86.3	30.9	80.7	96.5	98.4	(58)
	59,700	421,100	86.3	31.7	84.6	95.7	100.4	(59)
	61,300	431,100	86.9	32.4	88.8	95.5	100.3	(60)
	63,000	435,700	85.3	32.5	89.9	nc	nc	(61)
	61,400	452,000	85.3	33.4	93.9	96.6	101.0	(62)

1 乳用牛（続き）

(2) 飼養戸数・頭数（全国農業地域別）（平成28年〜令和2年）

区　分	飼養戸数	飼　養　頭　数				
		合　計	成畜（2歳以上）			
			計	経　産　牛		
				小　計	搾　乳　牛	乾　乳　牛
		(3)+(8)				
	(1)	(2)	(3)	(4)	(5)	(6)
	戸	頭	頭	頭	頭	頭
北　海　道						
平成 28 年　(1)	6,490	785,700	508,600	470,900	400,500	70,400
29　(2)	6,310	779,400	496,400	459,400	390,500	68,900
30　(3)	6,140	790,900	498,800	461,500	392,200	69,200
31（旧）(4)	5,970	801,000	502,600	464,500	399,500	65,000
31（新）(5)	5,990	804,500	491,900	455,100	386,800	68,300
令和 2　(6)	5,840	820,900	495,400	459,800	390,800	69,000
都　府　県						
平成 28 年　(7)	10,500	559,400	428,200	400,000	351,200	48,900
29　(8)	10,100	543,700	417,400	392,700	344,700	48,000
30　(9)	9,540	537,100	408,100	385,700	338,900	46,900
31（旧）(10)	9,070	530,600	397,900	374,700	330,000	44,700
31（新）(11)	8,900	534,900	411,800	385,600	330,100	55,500
令和 2　(12)	8,520	531,400	404,900	379,100	324,600	54,500
東　　　北						
平成 28 年　(13)	2,540	103,300	76,000	70,200	61,500	8,770
29　(14)	2,430	100,300	73,300	67,500	58,500	9,000
30　(15)	2,350	99,200	72,000	66,600	57,700	8,920
31（旧）(16)	2,220	98,900	70,600	65,800	57,500	8,340
31（新）(17)	2,170	99,700	73,400	68,600	58,700	9,900
令和 2　(18)	2,080	99,200	72,500	67,800	58,000	9,800
北　　　陸						
平成 28 年　(19)	364	14,300	11,100	10,700	9,510	1,230
29　(20)	347	13,600	10,800	10,400	9,230	1,190
30　(21)	320	13,100	10,400	10,100	8,930	1,180
31（旧）(22)	305	12,600	9,590	9,300	8,200	1,100
31（新）(23)	292	12,600	9,890	9,410	8,030	1,380
令和 2　(24)	284	12,400	9,580	9,080	7,750	1,330
関　東・東　山						
平成 28 年　(25)	3,380	182,800	140,300	131,200	115,300	15,900
29　(26)	3,240	178,500	138,000	130,400	114,300	16,100
30　(27)	3,050	175,900	134,300	128,100	112,300	15,800
31（旧）(28)	2,880	173,600	132,500	124,600	109,600	15,000
31（新）(29)	2,840	175,000	135,800	127,500	108,700	18,800
令和 2　(30)	2,710	172,400	132,700	124,200	105,900	18,300
東　　　海						
平成 28 年　(31)	759	52,600	42,100	40,200	35,300	4,930
29　(32)	723	51,300	41,100	39,400	34,900	4,560
30　(33)	684	50,500	40,000	38,800	34,300	4,500
31（旧）(34)	651	49,000	37,900	37,300	33,000	4,290
31（新）(35)	635	49,400	39,600	37,600	32,300	5,320
令和 2　(36)	607	48,500	38,700	36,800	31,600	5,200
近　　　畿						
平成 28 年　(37)	549	27,100	21,900	20,600	18,300	2,310
29　(38)	517	25,800	20,800	19,900	17,600	2,250
30　(39)	483	25,000	19,900	19,000	16,700	2,280
31（旧）(40)	456	24,400	18,900	18,000	16,000	2,040
31（新）(41)	454	24,700	19,700	18,500	16,000	2,540
令和 2　(42)	434	24,600	19,500	18,300	15,800	2,520

未 経 産 牛	子 畜 （2歳未満 の未経産牛）	搾 乳 牛 頭 数 割 合 (5)／(4)	子 畜 頭 数 割 合 (8)／(2)	1 戸 当 た り 飼 養 頭 数 (2)／(1)	対 前 年 比		
					飼 養 戸 数	飼 養 頭 数	
(7)	(8)	(9)	(10)	(11)	(12)	(13)	
頭	頭	%	%	頭	%	%	
37,700	277,100	85.0	35.3	121.1	97.2	99.2	(1)
37,000	283,000	85.0	36.3	123.5	97.2	99.2	(2)
37,400	292,100	85.0	36.9	128.8	97.3	101.5	(3)
38,100	298,400	86.0	37.3	134.2	97.2	101.3	(4)
36,800	312,500	85.0	38.8	134.3	nc	nc	(5)
35,600	325,500	85.0	39.7	140.6	97.5	102.0	(6)
28,100	131,200	87.8	23.5	53.3	95.5	96.6	(7)
24,700	126,300	87.8	23.2	53.8	96.2	97.2	(8)
22,400	129,000	87.9	24.0	56.3	94.5	98.8	(9)
23,200	132,700	88.1	25.0	58.5	95.1	98.8	(10)
26,200	123,100	85.6	23.0	60.1	nc	nc	(11)
25,800	126,500	85.6	23.8	62.4	95.7	99.3	(12)
5,780	27,200	87.6	26.3	40.7	95.5	97.6	(13)
5,760	27,100	86.7	27.0	41.3	95.7	97.1	(14)
5,350	27,200	86.6	27.4	42.2	96.7	98.9	(15)
4,750	28,400	87.4	28.7	44.5	94.5	99.7	(16)
4,830	26,300	85.6	26.4	45.9	nc	nc	(17)
4,700	26,800	85.5	27.0	47.7	95.9	99.5	(18)
370	3,170	88.9	22.2	39.3	98.4	96.6	(19)
420	2,790	88.8	20.5	39.2	95.3	95.1	(20)
270	2,720	88.4	20.8	40.9	92.2	96.3	(21)
300	2,960	88.2	23.5	41.3	95.3	96.2	(22)
480	2,700	85.3	21.4	43.2	nc	nc	(23)
500	2,780	85.4	22.4	43.7	97.3	98.4	(24)
9,120	42,500	87.9	23.2	54.1	96.3	97.2	(25)
7,650	40,500	87.7	22.7	55.1	95.9	97.6	(26)
6,270	41,500	87.7	23.6	57.7	94.1	98.5	(27)
7,900	41,100	88.0	23.7	60.3	94.4	98.7	(28)
8,380	39,200	85.3	22.4	61.6	nc	nc	(29)
8,440	39,700	85.3	23.0	63.6	95.4	98.5	(30)
1,860	10,500	87.8	20.0	69.3	95.2	97.2	(31)
1,610	10,200	88.6	19.9	71.0	95.3	97.5	(32)
1,250	10,400	88.4	20.6	73.8	94.6	98.4	(33)
670	11,100	88.5	22.7	75.3	95.2	97.0	(34)
1,970	9,820	85.9	19.9	77.8	nc	nc	(35)
1,930	9,750	85.9	20.1	79.9	95.6	98.2	(36)
1,340	5,200	88.8	19.2	49.4	93.2	95.1	(37)
920	4,980	88.4	19.3	49.9	94.2	95.2	(38)
890	5,090	87.9	20.4	51.8	93.4	96.9	(39)
870	5,570	88.9	22.8	53.5	94.4	97.6	(40)
1,150	5,020	86.5	20.3	54.4	nc	nc	(41)
1,180	5,130	86.3	20.9	56.7	95.6	99.6	(42)

110 乳 用 牛（累年）

1 乳用牛（続き）

(2) 飼養戸数・頭数（全国農業地域別）（平成28年〜令和2年）（続き）

区　分	飼養戸数	飼　養　頭　数				
		合　計 (3)+(8)	成畜（2歳以上）			
			計	経　産　牛		
				小　計	搾乳牛	乾乳牛
	(1)	(2)	(3)	(4)	(5)	(6)
	戸	頭	頭	頭	頭	頭
中　国						
平成 28 年　(43)	768	45,800	34,300	32,300	28,500	3,790
29　(44)	735	44,300	33,400	31,200	27,700	3,570
30　(45)	708	45,000	33,700	31,700	28,200	3,500
31(旧)　(46)	678	45,400	34,500	32,800	28,900	3,880
31(新)　(47)	666	45,600	34,700	32,700	28,100	4,580
令和 2　(48)	629	47,600	35,900	33,700	29,000	4,730
四　国						
平成 28 年　(49)	389	19,000	15,400	14,500	12,700	1,870
29　(50)	369	18,500	15,000	14,400	12,600	1,770
30　(51)	355	17,800	14,300	13,700	12,100	1,600
31(旧)　(52)	341	17,100	13,600	12,900	11,400	1,470
31(新)　(53)	330	17,400	14,200	13,400	11,500	1,840
令和 2　(54)	305	16,900	13,500	12,800	11,000	1,760
九　州						
平成 28 年　(55)	1,660	110,200	83,600	77,000	67,200	9,760
29　(56)	1,620	107,000	81,500	76,100	67,000	9,120
30　(57)	1,520	106,500	80,000	74,600	65,900	8,750
31(旧)　(58)	1,470	105,300	77,200	71,000	63,000	8,000
31(新)　(59)	1,450	106,200	81,000	74,900	64,200	10,700
令和 2　(60)	1,410	105,500	79,100	73,400	62,900	10,400
沖　縄						
平成 28 年　(61)	74	4,320	3,510	3,280	2,890	390
29　(62)	73	4,310	3,490	3,320	2,900	420
30　(63)	69	4,190	3,370	3,130	2,760	370
31(旧)　(64)	64	4,230	3,250	3,040	2,520	520
31(新)　(65)	64	4,330	3,400	3,130	2,680	450
令和 2　(66)	66	4,250	3,370	3,050	2,610	440
関東農政局						
平成 28 年　(67)	3,620	196,400	151,200	141,400	124,100	17,300
29　(68)	3,470	191,900	148,800	140,700	123,400	17,300
30　(69)	3,260	189,300	145,100	138,300	121,300	17,000
31(旧)　(70)	3,090	187,100	142,900	134,900	118,600	16,300
31(新)　(71)	3,050	188,600	146,800	137,800	117,500	20,300
令和 2　(72)	2,900	186,000	143,600	134,500	114,700	19,800
東海農政局						
平成 28 年　(73)	519	39,000	31,200	30,000	26,500	3,500
29　(74)	496	37,900	30,300	29,200	25,800	3,410
30　(75)	471	37,000	29,300	28,600	25,300	3,280
31(旧)　(76)	443	35,500	27,500	27,000	23,900	3,070
31(新)　(77)	428	35,800	28,700	27,300	23,500	3,800
令和 2　(78)	414	34,900	27,800	26,500	22,800	3,690
中国四国農政局						
平成 28 年　(79)	1,160	64,800	49,600	46,800	41,200	5,660
29　(80)	1,100	62,800	48,400	45,600	40,300	5,330
30　(81)	1,060	62,800	48,100	45,400	40,300	5,100
31(旧)　(82)	1,020	62,600	48,100	45,600	40,300	5,350
31(新)　(83)	996	63,000	48,900	46,000	39,600	6,420
令和 2　(84)	934	64,500	49,400	46,500	40,000	6,490

未 経 産 牛	子　畜 （2歳未満 の未経産牛）	搾 乳 牛 頭 数 割 合	子　畜 頭 数 割 合	1 戸 当 た り 飼 養 頭 数	対 前 年 比		
		(5)／(4)	(8)／(2)	(2)／(1)	飼 養 戸 数	飼 養 頭 数	
(7)	(8)	(9)	(10)	(11)	(12)	(13)	
頭	頭	%	%	頭	%	%	
1,970	11,500	88.2	25.1	59.6	93.1	95.8	(43)
2,120	10,900	88.8	24.6	60.3	95.7	96.7	(44)
2,050	11,300	89.0	25.1	63.6	96.3	101.6	(45)
1,700	11,000	88.1	24.2	67.0	95.8	100.9	(46)
2,090	10,800	85.9	23.7	68.5	nc	nc	(47)
2,210	11,700	86.1	24.6	75.7	94.4	104.4	(48)
830	3,660	87.6	19.3	48.8	95.3	95.0	(49)
650	3,450	87.5	18.6	50.1	94.9	97.4	(50)
640	3,410	88.3	19.2	50.1	96.2	96.2	(51)
720	3,520	88.4	20.6	50.1	96.1	96.1	(52)
830	3,190	85.8	18.3	52.7	nc	nc	(53)
750	3,440	85.9	20.4	55.4	92.4	97.1	(54)
6,610	26,600	87.3	24.1	66.4	94.9	95.6	(55)
5,370	25,600	88.0	23.9	66.0	97.6	97.1	(56)
5,400	26,500	88.3	24.9	70.1	93.8	99.5	(57)
6,120	28,200	88.7	26.8	71.6	96.7	98.9	(58)
6,170	25,200	85.7	23.7	73.2	nc	nc	(59)
5,760	26,400	85.7	25.0	74.8	97.2	99.3	(60)
230	810	88.1	18.8	58.4	97.4	93.3	(61)
170	820	87.3	19.0	59.0	98.6	99.8	(62)
240	820	88.2	19.6	60.7	94.5	97.2	(63)
210	980	82.9	23.2	66.1	92.8	101.0	(64)
270	940	85.6	21.7	67.7	nc	nc	(65)
320	880	85.6	20.7	64.4	103.1	98.2	(66)
9,760	45,200	87.8	23.0	54.3	96.3	97.4	(67)
8,180	43,100	87.7	22.5	55.3	95.9	97.7	(68)
6,770	44,300	87.7	23.4	58.1	93.9	98.6	(69)
8,030	44,200	87.9	23.6	60.6	94.8	98.8	(70)
8,970	41,900	85.3	22.2	61.8	nc	nc	(71)
9,080	42,400	85.3	22.8	64.1	95.1	98.6	(72)
1,210	7,810	88.3	20.0	75.1	93.9	96.3	(73)
1,090	7,640	88.4	20.2	76.4	95.6	97.2	(74)
760	7,720	88.5	20.9	78.6	95.0	97.6	(75)
540	7,970	88.5	22.5	80.1	94.1	95.9	(76)
1,380	7,120	86.1	19.9	83.6	nc	nc	(77)
1,290	7,080	86.0	20.3	84.3	96.7	97.5	(78)
2,810	15,200	88.0	23.5	55.9	94.3	95.6	(79)
2,770	14,400	88.4	22.9	57.1	94.8	96.9	(80)
2,690	14,700	88.8	23.4	59.2	96.4	100.0	(81)
2,420	14,500	88.4	23.2	61.4	96.2	99.7	(82)
2,920	14,000	86.1	22.2	63.3	nc	nc	(83)
2,960	15,100	86.0	23.4	69.1	93.8	102.4	(84)

112 乳 用 牛（累年）

1 乳用牛（続き）

(3) 成畜飼養頭数規模別の飼養戸数（全国）（平成13年～令和2年）

区　分		計	成　　畜　　飼　　養					
			小　計	1 ～ 9頭	10 ～ 14	15 ～ 19	20 ～ 29	30 ～ 39
平成 13 年	(1)	31,900	31,300	3,360	2,440	2,470	5,550	5,110
14	(2)	30,700	30,100	3,200	2,340	2,360	5,160	4,940
15	(3)	29,500	29,000	2,980	2,270	2,380	4,840	4,480
16	(4)	28,600	27,900	3,090	2,080	2,190	4,460	4,490
17	(5)	27,400	26,900	2,980	1,980	2,170	4,270	4,200
18	(6)	26,300	25,700	2,900	1,860	1,990	4,110	3,920
19	(7)	25,100	24,600	2,660	1,660	1,890	3,850	3,780
20	(8)	24,100	23,500	1) 5,630	…	…	3,720	2) 6,550
21	(9)	22,800	22,300	1) 5,090	…	…	3,450	2) 5,960
22	(10)	21,700	21,200	1) 4,870	…	…	3,120	2) 5,880
23	(11)	20,800	20,300	1) 4,690	…	…	3,030	2) 5,450
24	(12)	19,900	19,400	1) 4,340	…	…	2,940	2) 5,210
25	(13)	19,100	18,800	1) 4,050	…	…	2,710	2) 5,170
26	(14)	18,300	17,900	1) 3,820	…	…	2,510	2) 4,750
27	(15)	17,400	16,900	1) 3,530	…	…	2,370	2) 4,630
28	(16)	16,700	16,300	1) 3,300	…	…	2,300	2) 4,200
29	(17)	16,100	15,700	1) 3,100	…	…	2,270	2) 3,960
30	(18)	15,400	15,100	1) 2,900	…	…	2,160	2) 3,810
31（旧）	(19)	14,800	14,400	1) 2,910	…	…	1,910	2) 3,690
31（新）	(20)	14,900	14,600	1) 2,960	…	…	2,000	2) 3,690
令和 2	(21)	14,400	14,000	1) 2,890	…	…	1,880	2) 3,500

注：1　この統計表の平成13年から平成31年（旧）までの数値は、学校、試験場等の非営利的な飼養者は含まない（以下(4)から(8)まで及び2(3)から(4)までにおいて同じ）。
　　2　平成15年の（　）は、平成16年から飼養戸数が3桁以下の数値は原数表示をしたことに対応する数値である（以下(5)及び(7)において同じ）。
　　3　平成20年から平成31年（旧）までの「うち300頭以上」の数値は、農業地域別の推定ができないため、以下(5)から(8)までにおいては表章していない。
　　4　平成20年から階層区分を変更したため、「1～9頭」、「10～14」及び「15～19」を「1～19頭」に、「30～39」及び「40～49」を「30～49」に変更した（以下(4)から(8)までにおいて同じ）。
　　5　令和2年から階層区分を変更したため、「100頭以上」を「100～199」及び「200頭以上」に変更した（以下(4)から(8)までにおいて同じ）。
1)は「10～14」及び「15～19」を含む（以下(4)から(8)までにおいて同じ）。
2)は「40～49」を含む（以下(4)から(8)までにおいて同じ）。
3)は「200頭以上」を含む（以下(4)から(8)までにおいて同じ）。

(4) 成畜飼養頭数規模別の飼養頭数（全国）（平成13年～令和2年）

区　分		計	成　　畜　　飼　　養					
			小　計	1 ～ 9頭	10 ～ 14	15 ～ 19	20 ～ 29	30 ～ 39
平成 13 年	(1)	1,703,000	1,696,000	29,300	35,900	53,600	175,900	233,100
14	(2)	1,697,000	1,690,000	27,400	37,400	49,300	166,700	223,100
15	(3)	1,683,000	1,674,000	26,800	34,200	51,400	161,300	207,900
16	(4)	1,665,000	1,656,000	26,500	31,900	46,800	139,600	205,400
17	(5)	1,630,000	1,623,000	28,900	31,000	48,300	137,200	182,600
18	(6)	1,611,000	1,603,000	30,000	29,300	47,000	132,600	184,300
19	(7)	1,568,000	1,561,000	27,300	25,300	45,200	123,800	176,400
20	(8)	1,507,000	1,493,000	1) 83,500	…	…	118,100	2) 330,100
21	(9)	1,477,000	1,467,000	1) 70,000	…	…	106,900	2) 304,200
22	(10)	1,460,000	1,450,000	1) 70,700	…	…	95,900	2) 300,200
23	(11)	1,442,000	1,433,000	1) 71,600	…	…	94,200	2) 280,200
24	(12)	1,423,000	1,415,000	1) 66,500	…	…	95,300	2) 273,200
25	(13)	1,392,000	1,384,000	1) 71,500	…	…	88,100	2) 281,200
26	(14)	1,360,000	1,352,000	1) 63,300	…	…	81,700	2) 259,100
27	(15)	1,335,000	1,325,000	1) 59,000	…	…	77,000	2) 249,100
28	(16)	1,309,000	1,298,000	1) 53,200	…	…	72,400	2) 224,000
29	(17)	1,287,000	1,272,000	1) 47,500	…	…	75,600	2) 215,300
30	(18)	1,293,000	1,276,000	1) 47,200	…	…	71,000	2) 196,700
31（旧）	(19)	1,293,000	1,268,000	1) 49,600	…	…	64,900	2) 191,700
31（新）	(20)	1,339,000	1,323,000	1) 61,600	…	…	72,700	2) 207,200
令和 2	(21)	1,352,000	1,339,000	1) 62,900	…	…	70,200	2) 206,200

単位：戸

頭　　数　　規　　模						子 畜 の み	
40 ～ 49	50 ～ 79	80 ～ 99	100 ～ 199	200 頭 以 上	300 頭 以 上		
3,970	6,170	840	3) 1,360	…	…	600	(1)
3,980	5,710	1,090	3) 1,360	…	…	530	(2)
3,830	5,510	1,190	3) 1,510	…	…	(534) 530	(3)
3,400	5,410	1,260	3) 1,570	…	…	618	(4)
3,270	5,140	1,260	3) 1,590	…	…	520	(5)
3,210	4,940	1,200	3) 1,570	…	…	594	(6)
3,110	4,880	1,180	3) 1,560	…	…	579	(7)
…	4,630	1,200	3) 1,730	…	153	609	(8)
…	4,580	1,330	3) 1,860	…	173	531	(9)
…	4,210	1,240	3) 1,860	…	158	517	(10)
…	4,010	1,200	3) 1,880	…	211	489	(11)
…	3,910	1,010	3) 2,030	…	203	443	(12)
…	3,860	1,030	3) 1,960	…	198	347	(13)
…	3,730	1,200	3) 1,900	…	260	397	(14)
…	3,520	1,020	3) 1,880	…	255	490	(15)
…	3,460	1,020	3) 2,010	…	234	428	(16)
…	3,420	1,040	3) 1,920	…	244	410	(17)
…	3,140	1,120	3) 1,940	…	260	361	(18)
…	2,950	924	3) 2,000	…	261	410	(19)
…	3,000	1,000	1,390	534	258	322	(20)
…	2,870	952	1,400	561	288	320	(21)

単位：頭

頭　　数　　規　　模						子 畜 の み	
40 ～ 49	50 ～ 79	80 ～ 99	100 ～ 199	200 頭 以 上	300 頭 以 上		
237,200	542,400	105,400	3) 283,500	…	…	7,220	(1)
249,200	503,200	138,600	3) 295,000	…	…	7,490	(2)
237,700	479,200	150,700	3) 324,400	…	…	9,630	(3)
217,100	472,000	167,800	3) 348,500	…	…	8,880	(4)
204,100	463,500	164,800	3) 362,600	…	…	7,170	(5)
200,600	427,800	151,400	3) 400,400	…	…	7,980	(6)
192,200	417,700	148,800	3) 404,500	…	…	7,070	(7)
…	392,900	145,700	3) 422,700	…	94,100	14,300	(8)
…	378,400	160,600	3) 446,600	…	106,200	10,200	(9)
…	368,100	146,400	3) 468,500	…	109,200	9,840	(10)
…	359,900	144,600	3) 482,700	…	132,500	8,800	(11)
…	345,900	129,600	3) 504,800	…	137,800	7,690	(12)
…	343,200	133,400	3) 467,000	…	123,200	7,310	(13)
…	335,100	152,500	3) 460,000	…	140,900	8,210	(14)
…	305,200	129,000	3) 505,900	…	148,100	9,280	(15)
…	287,600	128,500	3) 532,400	…	163,900	11,300	(16)
…	286,400	121,900	3) 525,600	…	176,800	14,800	(17)
…	265,900	146,100	3) 549,000	…	186,400	17,300	(18)
…	280,100	107,200	3) 574,800	…	207,100	24,400	(19)
…	276,900	131,800	275,300	297,200	202,500	16,800	(20)
…	269,600	128,500	279,000	322,300	228,400	13,700	(21)

1 乳用牛（続き）

(5) 成畜飼養頭数規模別の飼養戸数（北海道）（平成13年～令和2年）

区　　分		計	成　　畜　　飼　　養					
			小　　計	1 ～ 9頭	10 ～ 14	15 ～ 19	20 ～ 29	30 ～ 39
平成 13 年	(1)	9,600	9,330	210	210	240	720	1,220
14	(2)	9,360	9,120	280	190	140	660	1,100
15	(3)	9,160	8,910	(289) 290	(164) 160	(239) 240	(547) 550	(983) 980
16	(4)	8,990	8,680	336	162	152	555	992
17	(5)	8,790	8,540	320	184	220	448	1,040
18	(6)	8,550	8,290	341	137	189	463	1,000
19	(7)	8,270	8,030	313	124	167	431	965
20	(8)	8,050	7,720	1) 528	…	…	513	2) 1,940
21	(9)	7,820	7,510	1) 419	…	…	396	2) 1,730
22	(10)	7,650	7,350	1) 448	…	…	322	2) 1,900
23	(11)	7,460	7,130	1) 453	…	…	338	2) 1,700
24	(12)	7,230	6,970	1) 418	…	…	397	2) 1,680
25	(13)	7,080	6,910	1) 483	…	…	352	2) 1,680
26	(14)	6,850	6,660	1) 418	…	…	268	2) 1,550
27	(15)	6,630	6,350	1) 408	…	…	258	2) 1,590
28	(16)	6,440	6,190	1) 391	…	…	264	2) 1,310
29	(17)	6,250	6,010	1) 281	…	…	289	2) 1,290
30	(18)	6,090	5,860	1) 267	…	…	284	2) 1,290
31（旧）	(19)	5,920	5,650	1) 290	…	…	267	2) 1,370
31（新）	(20)	5,990	5,820	1) 428	…	…	321	2) 1,300
令和 2	(21)	5,840	5,670	1) 437	…	…	313	2) 1,240

(6) 成畜飼養頭数規模別の飼養頭数（北海道）（平成13年～令和2年）

区　　分		計	成　　畜　　飼　　養					
			小　　計	1 ～ 9頭	10 ～ 14	15 ～ 19	20 ～ 29	30 ～ 39
平成 13 年	(1)	847,500	842,000	6,010	3,980	7,510	29,900	65,100
14	(2)	849,000	843,100	5,800	6,670	3,930	28,500	57,700
15	(3)	845,300	837,500	7,310	3,460	6,010	27,300	52,100
16	(4)	855,100	848,200	7,050	3,830	3,690	21,200	53,900
17	(5)	849,800	843,900	8,630	4,210	7,200	20,900	45,200
18	(6)	847,300	840,900	10,500	2,950	8,930	18,400	52,300
19	(7)	827,500	821,700	10,200	2,320	8,040	18,200	51,500
20	(8)	809,800	796,900	1) 15,800	…	…	24,600	2) 117,800
21	(9)	813,700	804,500	1) 9,230	…	…	17,500	2) 111,500
22	(10)	816,600	809,000	1) 11,400	…	…	13,000	2) 113,800
23	(11)	816,200	808,500	1) 12,800	…	…	12,200	2) 101,200
24	(12)	809,900	803,100	1) 13,800	…	…	15,100	2) 100,900
25	(13)	788,400	781,800	1) 20,100	…	…	17,200	2) 110,200
26	(14)	774,100	767,500	1) 13,500	…	…	13,100	2) 101,000
27	(15)	768,700	760,900	1) 13,200	…	…	10,300	2) 98,900
28	(16)	763,300	753,100	1) 13,800	…	…	10,100	2) 81,500
29	(17)	756,800	742,700	1) 7,500	…	…	14,600	2) 85,000
30	(18)	769,400	753,200	1) 11,200	…	…	11,300	2) 73,600
31（旧）	(19)	776,200	753,300	1) 12,200	…	…	14,600	2) 78,900
31（新）	(20)	804,500	789,000	1) 22,800	…	…	18,900	2) 87,500
令和 2	(21)	820,900	808,700	1) 25,900	…	…	18,400	2) 90,400

単位：戸

頭	数	規	模			子畜のみ	
40 ～ 49	50 ～ 79	80 ～ 99	100 ～ 199	200 頭 以 上	300 頭 以 上		
1,320	3,950	530	3) 930	…	…	270	(1)
1,640	3,450	750	3) 910	…	…	240	(2)
1,520	3,310	(842) 840	3) 1,010	…	…	(255) 260	(3)
1,300	3,230	908	3) 1,050	…	…	306	(4)
1,280	3,110	891	3) 1,040	…	…	255	(5)
1,300	3,030	814	3) 1,030	…	…	257	(6)
1,250	2,960	804	3) 1,010	…	…	240	(7)
…	2,820	804	3) 1,110	…	…	330	(8)
…	2,800	949	3) 1,220	…	…	313	(9)
…	2,530	882	3) 1,270	…	…	294	(10)
…	2,510	859	3) 1,280	…	…	329	(11)
…	2,420	644	3) 1,410	…	…	263	(12)
…	2,370	700	3) 1,320	…	…	176	(13)
…	2,280	841	3) 1,290	…	…	194	(14)
…	2,140	708	3) 1,250	…	…	274	(15)
…	2,140	702	3) 1,380	…	…	247	(16)
…	2,160	684	3) 1,310	…	…	244	(17)
…	1,940	773	3) 1,310	…	…	227	(18)
…	1,770	576	3) 1,380	…	…	270	(19)
…	1,790	689	948	333	158	177	(20)
…	1,720	641	961	357	177	173	(21)

単位：頭

頭	数	規	模			子畜のみ	
40 ～ 49	50 ～ 79	80 ～ 99	100 ～ 199	200 頭 以 上	300 頭 以 上		
90,500	373,400	70,500	3) 195,000	…	…	5,520	(1)
112,500	331,300	99,300	3) 197,400	…	…	5,980	(2)
106,600	309,200	111,800	3) 213,600	…	…	7,790	(3)
100,200	302,600	127,200	3) 228,500	…	…	6,850	(4)
92,700	305,600	124,300	3) 235,200	…	…	5,880	(5)
90,100	278,300	107,400	3) 272,000	…	…	6,440	(6)
85,400	269,900	105,200	3) 270,900	…	…	5,800	(7)
…	257,200	104,600	3) 276,800	…	…	12,900	(8)
…	245,400	120,800	3) 300,000	…	…	9,230	(9)
…	240,000	109,400	3) 321,400	…	…	7,630	(10)
…	241,800	107,500	3) 333,000	…	…	7,700	(11)
…	232,600	87,700	3) 353,100	…	…	6,730	(12)
…	227,600	96,900	3) 309,700	…	…	6,620	(13)
…	222,700	111,800	3) 305,400	…	…	6,560	(14)
…	197,000	93,000	3) 348,500	…	…	7,740	(15)
…	186,800	91,600	3) 369,300	…	…	10,200	(16)
…	189,100	82,400	3) 364,100	…	…	14,100	(17)
…	169,500	107,100	3) 380,500	…	…	16,200	(18)
…	185,600	67,600	3) 394,400	…	…	22,900	(19)
…	179,100	96,000	200,300	184,300	120,600	15,500	(20)
…	176,300	92,000	202,200	203,600	138,400	12,200	(21)

1 乳用牛（続き）

(7) 成畜飼養頭数規模別の飼養戸数（都府県）（平成13年～令和2年）

区　分	計	成　畜　飼　養					
		小　計	1 ～ 9頭	10 ～ 14	15 ～ 19	20 ～ 29	30 ～ 39
平成 13 年 (1)	22,300	21,900	3,150	2,220	2,240	4,840	3,890
14 (2)	21,300	21,000	2,920	2,150	2,220	4,500	3,850
15 (3)	20,400	20,100	2,690	2,110	2,140	4,300	3,490
16 (4)	19,600	19,300	2,750	1,920	2,030	3,910	3,500
17 (5)	18,600	18,300	2,660	1,800	1,950	3,820	3,160
18 (6)	17,700	17,400	2,560	1,730	1,800	3,650	2,920
19 (7)	16,900	16,500	2,350	1,540	1,720	3,410	2,820
20 (8)	16,000	15,700	1) 5,100	…	…	3,210	2) 4,610
21 (9)	15,000	14,800	1) 4,670	…	…	3,060	2) 4,230
22 (10)	14,000	13,800	1) 4,420	…	…	2,800	2) 3,980
23 (11)	13,300	13,100	1) 4,240	…	…	2,700	2) 3,750
24 (12)	12,600	12,500	1) 3,920	…	…	2,540	2) 3,530
25 (13)	12,000	11,900	1) 3,560	…	…	2,360	2) 3,490
26 (14)	11,500	11,300	1) 3,400	…	…	2,240	2) 3,200
27 (15)	10,800	10,600	1) 3,120	…	…	2,110	2) 3,030
28 (16)	10,300	10,100	1) 2,910	…	…	2,030	2) 2,890
29 (17)	9,860	9,690	1) 2,820	…	…	1,980	2) 2,680
30 (18)	9,350	9,220	1) 2,640	…	…	1,880	2) 2,520
31 (旧) (19)	8,880	8,740	1) 2,620	…	…	1,650	2) 2,320
31 (新) (20)	8,900	8,750	1) 2,530	…	…	1,670	2) 2,390
令和 2 (21)	8,520	8,380	1) 2,450	…	…	1,570	2) 2,260

(8) 成畜飼養頭数規模別の飼養頭数（都府県）（平成13年～令和2年）

区　分	計	成　畜　飼　養					
		小　計	1 ～ 9頭	10 ～ 14	15 ～ 19	20 ～ 29	30 ～ 39
平成 13 年 (1)	856,000	854,300	23,300	32,000	46,100	146,000	168,000
14 (2)	848,200	846,700	21,600	30,800	45,300	138,200	165,400
15 (3)	838,100	836,300	19,500	30,800	45,400	134,000	155,800
16 (4)	809,700	807,600	19,500	28,100	43,100	118,400	151,400
17 (5)	780,600	779,300	20,300	26,800	41,100	116,300	137,400
18 (6)	764,000	762,500	19,500	26,400	38,000	114,100	131,900
19 (7)	740,700	739,500	17,100	23,000	37,100	105,600	124,900
20 (8)	697,500	696,100	1) 67,700	…	…	93,500	2) 212,300
21 (9)	663,200	662,200	1) 60,700	…	…	89,300	2) 192,700
22 (10)	643,100	640,900	1) 59,300	…	…	83,000	2) 186,400
23 (11)	625,800	624,600	1) 58,800	…	…	82,000	2) 178,900
24 (12)	613,000	612,100	1) 52,600	…	…	80,200	2) 172,300
25 (13)	603,200	602,500	1) 51,400	…	…	70,900	2) 170,900
26 (14)	585,800	584,200	1) 49,800	…	…	68,600	2) 158,100
27 (15)	565,900	564,300	1) 45,800	…	…	66,700	2) 150,300
28 (16)	546,200	545,000	1) 39,500	…	…	62,300	2) 142,500
29 (17)	530,200	529,600	1) 40,000	…	…	61,000	2) 130,300
30 (18)	523,700	522,700	1) 36,000	…	…	59,600	2) 123,100
31 (旧) (19)	516,500	514,900	1) 37,400	…	…	50,300	2) 112,800
31 (新) (20)	534,900	533,600	1) 38,800	…	…	53,800	2) 119,700
令和 2 (21)	531,400	529,900	1) 37,000	…	…	51,800	2) 115,800

単位：戸

| 頭　　　数　　　規　　　模 | | | | | | 子 畜 の み | |
40 ～ 49	50 ～ 79	80 ～ 99	100 ～ 199	200 頭 以 上	300 頭 以 上		
2,640	2,220	310	3) 440	…	…	320	(1)
2,340	2,250	340	3) 460	…	…	290	(2)
2,310	2,200	(350) 350	3) (503) 500	…	…	(279) 280	(3)
2,090	2,180	356	3) 528	…	…	312	(4)
1,990	2,030	366	3) 550	…	…	265	(5)
1,910	1,910	386	3) 543	…	…	337	(6)
1,860	1,910	379	3) 544	…	…	339	(7)
…	1,820	394	3) 621	…	…	279	(8)
…	1,790	380	3) 635	…	…	218	(9)
…	1,670	354	3) 593	…	…	223	(10)
…	1,510	336	3) 600	…	…	160	(11)
…	1,480	365	3) 622	…	…	180	(12)
…	1,490	329	3) 643	…	…	171	(13)
…	1,440	356	3) 610	…	…	203	(14)
…	1,380	308	3) 624	…	…	216	(15)
…	1,320	322	3) 632	…	…	181	(16)
…	1,260	351	3) 613	…	…	166	(17)
…	1,200	345	3) 635	…	…	134	(18)
…	1,180	348	3) 625	…	…	140	(19)
…	1,200	313	439	201	100	145	(20)
…	1,140	311	434	204	111	147	(21)

単位：頭

| 頭　　　数　　　規　　　模 | | | | | | 子 畜 の み | |
40 ～ 49	50 ～ 79	80 ～ 99	100 ～ 199	200 頭 以 上	300 頭 以 上		
146,700	169,000	34,900	3) 88,400	…	…	1,700	(1)
136,700	171,900	39,200	3) 97,600	…	…	1,510	(2)
131,100	170,000	38,900	3) 110,800	…	…	1,840	(3)
117,000	169,500	40,600	3) 120,000	…	…	2,030	(4)
111,400	157,900	40,600	3) 127,500	…	…	1,290	(5)
110,500	149,600	44,000	3) 128,400	…	…	1,550	(6)
106,800	147,800	43,600	3) 133,600	…	…	1,270	(7)
…	135,600	41,000	3) 145,900	…	…	1,420	(8)
…	133,000	39,800	3) 146,600	…	…	960	(9)
…	128,100	37,000	3) 147,100	…	…	2,210	(10)
…	118,100	37,100	3) 149,700	…	…	1,100	(11)
…	113,300	41,900	3) 151,700	…	…	960	(12)
…	115,500	36,500	3) 157,300	…	…	700	(13)
…	112,400	40,700	3) 154,600	…	…	1,650	(14)
…	108,200	35,900	3) 157,400	…	…	1,540	(15)
…	100,800	36,900	3) 163,100	…	…	1,110	(16)
…	97,300	39,500	3) 161,500	…	…	690	(17)
…	96,500	39,000	3) 168,500	…	…	1,050	(18)
…	94,500	39,600	3) 180,400	…	…	1,540	(19)
…	97,800	35,800	75,000	112,900	81,900	1,260	(20)
…	93,300	36,500	76,900	118,600	90,000	1,520	(21)

1　乳用牛（続き）

(9)　月別経産牛頭数（各月1日現在）（全国）

単位：千頭

年次	1月	2月	3月	4月	5月	6月	7月	8月	9月	10月	11月	12月
平成13年	1,124	1,124	1,118	1,120	1,122	1,119	1,118	1,122	1,105	1,111	1,114	1,116
14	1,121	1,126	1,118	1,119	1,121	1,122	1,126	1,129	1,116	1,114	1,113	1,113
15	1,116	1,120	1,109	1,107	1,109	1,112	1,114	1,114	1,094	1,092	1,089	1,087
16	1,088	1,088	1,086	1,087	1,087	1,086	1,083	1,085	1,058	1,054	1,053	1,059
17	1,051	1,055	1,059	1,060	1,062	1,060	1,061	1,058	1,049	1,047	1,045	1,043
18	1,043	1,046	1,051	1,050	1,051	1,049	1,048	1,047	1,035	1,028	1,024	1,020
19	1,014	1,011	992	994	996	995	997	996	1,011	995	992	991
20	996	998	968	970	978	974	974	973	971	970	971	969
21	972	985	966	965	966	966	963	963	962	959	957	958
22	960	964	943	941	941	939	941	937	933	931	933	929
23	933	933	924	924	926	929	930	929	929	929	931	934
24	936	943	934	931	929	925	924	926	922	927	921	919
25	920	923	912	915	915	910	906	901	897	892	889	887
26	891	893	868	868	870	883	871	871	868	877	877	864
27	867	870	859	859	861	862	863	864	866	867	869	869
28	870	871	846	849	850	851	851	849	849	848	848	846
29	848	852	838	840	841	842	841	841	840	840	839	839
30	841	847	(851)837	(850)832	(851)833	(853)835	(854)834	(852)833	(849)833	(846)834	(843)835	(841)835
31	(841)838	(841)839	837	839	841	844	846	845	844	840	837	836
令和2	837	839	1)‥	1)‥	1)‥	1)‥	1)‥	1)‥	1)‥	1)‥	1)‥	1)‥

注：1　この統計表の数値は表示単位未満を四捨五入した（以下(10)及び2(5)アからイまでにおいて同じ）。
　　2　平成13年1月から平成15年8月までは乳用牛予察調査、平成15年9月から平成31年2月までは畜産統計調査、平成31年3月以降は牛個体識別全国データベース等の行政記録情報や関係統計により集計した加工統計である。
　　3　平成30年3月から平成31年2月までの（　）は、平成31年3月以降の集計方法による数値である。
　　1)は令和3年2月1日現在の統計において対象となる期間である（以下(10)において同じ）。

(10)　月別出生頭数（月間）（全国）

単位：千頭

年次	1月	2月	3月	4月	5月	6月	7月	8月	9月	10月	11月	12月
乳用種めす												
平成27年	19	18	19	19	18	20	23	23	21	21	20	20
28	19	18	19	18	17	19	22	22	20	19	19	20
29	18	18	20	20	17	19	23	23	22	22	22	21
30	20	(19)19	(22)22	(20)20	(21)21	(23)23	(25)25	(25)25	(24)24	(24)23	(23)22	(23)22
31	(24)21	20	22	20	21	22	26	27	24	24	23	23
令和2	24	1)‥	1)‥	1)‥	1)‥	1)‥	1)‥	1)‥	1)‥	1)‥	1)‥	1)‥
乳用種おす												
平成27年	18	16	18	17	17	19	21	21	19	19	18	18
28	16	16	17	16	15	17	20	20	18	17	17	17
29	13	15	16	16	13	15	18	19	18	17	16	16
30	14	(13)13	(16)16	(14)14	(15)15	(16)16	(18)18	(18)18	(17)17	(16)16	(16)15	(16)16
31	(15)14	13	15	13	13	14	17	18	16	15	15	15
令和2	15	1)‥	1)‥	1)‥	1)‥	1)‥	1)‥	1)‥	1)‥	1)‥	1)‥	1)‥
交雑種												
平成27年	19	21	22	21	19	20	24	23	22	23	23	23
28	18	21	22	21	18	21	24	24	23	23	23	21
29	14	19	21	20	18	19	22	23	23	22	22	22
30	16	(19)19	(20)20	(18)18	(18)18	(19)19	(22)22	(22)22	(21)21	(22)21	(21)21	(22)21
31	(22)18	18	19	17	17	18	23	24	22	23	23	24
令和2	23	1)‥	1)‥	1)‥	1)‥	1)‥	1)‥	1)‥	1)‥	1)‥	1)‥	1)‥

注：1　この統計表の乳用種めすの平成30年1月までの数値は乳用向けめす出生頭数である。
　　2　平成27年から平成31年1月までは畜産統計調査、平成31年2月以降は牛個体識別全国データベース等の行政記録情報や関係統計により集計した加工統計である。
　　3　平成30年2月から平成31年1月までの（　）は、平成31年2月以降の集計方法による数値である。

2 肉用牛

(1) 飼養戸数・頭数 (全国) (昭和35年～令和2年)

年　　次	飼養戸数	乳用種のいる戸数	合計	飼養 肉 計	飼養 肉 肥育用牛	飼養 肉 め 小計	飼養 肉 め 1歳未満
	(1) 戸	(2) 戸	(3) 頭	(4) 頭	(5) 頭	(6) 頭	(7) 頭
昭和 35 年 (1)	2,031,000	…	2,340,000	…	…	1,685,000	…
36 (2)	1,963,000	…	2,313,000	…	…	1,660,000	…
37 (3)	1,879,000	…	2,332,000	…	…	1,686,000	…
38 (4)	1,803,000	…	2,337,000	…	…	1,668,000	…
39 (5)	1,673,000	…	2,208,000	…	…	1,550,000	…
40 (6)	1,435,000	…	1,886,000	…	…	1,314,000	…
41 (7)	1,163,000	…	1,577,000	…	…	1,111,000	…
42 (8)	1,066,000	…	1,551,000	…	…	1,062,000	…
43 (9)	1,027,000	…	1,666,000	…	…	1,080,000	…
44 (10)	988,500	…	1,795,000	…	…	1,138,000	…
45 (11)	901,600	…	1,789,000	…	…	1,165,000	…
46 (12)	797,300	…	1,759,000	1,573,000	…	1,089,000	…
47 (13)	673,200	…	1,749,000	1,454,000	…	974,400	…
48 (14)	595,400	…	1,818,000	1,373,000	…	936,400	…
49 (15)	532,200	75,700	1,898,000	1,373,000	…	932,200	…
50 (16)	473,600	55,800	1,857,000	1,382,000	…	949,400	…
51 (17)	449,600	51,700	1,912,000	1,427,000	500,200	989,000	…
52 (18)	424,200	50,100	1,987,000	1,455,000	…	993,700	…
53 (19)	401,600	44,400	2,030,000	1,464,000	…	977,300	…
54 (20)	380,800	42,900	2,083,000	1,454,000	…	963,800	…
55 (21)	364,000	41,900	2,157,000	1,465,000	…	992,000	219,000
56 (22)	352,800	45,900	2,281,000	1,478,000	582,600	985,900	…
57 (23)	340,200	42,100	2,382,000	1,529,000	…	1,018,000	…
58 (24)	328,400	38,600	2,492,000	1,606,000	604,200	1,063,000	…
59 (25)	314,800	34,700	2,572,000	1,658,000	643,500	1,086,000	…
60 (26)	298,000	31,600	2,587,000	1,646,000	…	1,079,000	…
61 (27)	287,100	30,100	2,639,000	1,662,000	691,700	1,077,000	…
62 (28)	272,400	29,000	2,645,000	1,627,000	701,600	1,047,000	…
63 (29)	260,100	27,500	2,650,000	1,615,000	695,900	1,041,000	…
平成 元 (30)	246,100	25,300	2,651,000	1,627,000	696,500	1,046,000	…
2 (31)	232,200	22,800	2,702,000	1,664,000	701,000	1,066,000	…
3 (32)	221,100	19,900	2,805,000	1,732,000	721,700	1,115,000	238,200
4 (33)	210,100	16,600	2,898,000	1,815,000	736,100	1,163,000	246,700
5 (34)	199,000	14,800	2,956,000	1,868,000	759,500	1,191,000	252,900
6 (35)	184,400	13,500	2,971,000	1,879,000	793,300	1,194,000	254,500
7 (36)	169,700	12,100	2,965,000	1,872,000	822,800	1,168,000	…
8 (37)	154,900	11,000	2,901,000	1,824,000	803,600	1,147,000	235,900
9 (38)	142,800	10,200	2,851,000	1,780,000	784,500	1,119,000	229,300
10 (39)	133,400	10,000	2,848,000	1,740,000	745,800	1,102,000	225,400
11 (40)	124,600	9,620	2,842,000	1,711,000	729,700	1,084,000	223,000
12 (41)	116,500	9,060	2,823,000	1,700,000	732,500	1,069,000	…
13 (42)	110,100	9,170	2,806,000	1,679,000	704,400	1,066,000	208,500
14 (43)	104,200	8,790	2,838,000	1,711,000	725,900	1,078,000	212,200
15 (44)	98,100	7,980	2,805,000	1,705,000	729,800	1,069,000	218,700
16 (45)	93,900	8,220	2,788,000	1,709,000	719,200	1,073,000	222,200
17 (46)	89,600	8,060	2,747,000	1,697,000	716,400	1,078,000	217,600
18 (47)	85,600	7,980	2,755,000	1,703,000	716,200	1,090,000	205,800
19 (48)	82,300	7,720	2,806,000	1,742,000	737,100	1,113,000	214,600
20 (49)	80,400	7,470	2,890,000	1,823,000	770,100	1,169,000	225,600
21 (50)	77,300	7,630	2,923,000	1,889,000	809,100	1,215,000	242,000
22 (51)	74,400	7,170	2,892,000	1,924,000	844,100	1,234,000	244,500
23 (52)	69,600	6,730	2,763,000	1,868,000	822,700	1,205,000	233,000
24 (53)	65,200	6,360	2,723,000	1,831,000	810,500	1,181,000	223,900
25 (54)	61,300	6,100	2,642,000	1,769,000	789,800	1,141,000	211,300
26 (55)	57,500	5,950	2,567,000	1,716,000	772,000	1,104,000	208,600
27 (56)	54,400	5,480	2,489,000	1,661,000	740,700	1,069,000	204,200
28 (57)	51,900	5,170	2,479,000	1,642,000	720,000	1,054,000	199,100
29 (58)	50,100	5,130	2,499,000	1,664,000	722,300	1,070,000	198,000
30 (59)	48,300	4,850	2,514,000	1,701,000	736,600	1,091,000	205,000
31 (旧) (60)	46,300	4,670	2,503,000	1,734,000	753,400	1,114,000	217,000
31 (新) (61)	45,600	4,730	2,527,000	1,751,000	765,200	1,115,000	238,200
令和 2 (62)	43,900	4,560	2,555,000	1,792,000	784,600	1,138,000	244,600

注 : 1)は2歳未満である。
　　2)は2歳以上である。

1歳 (8)	2歳以上 (9)	子取り用めす牛 小計 (10)	1歳未満 (11)	1歳 (12)	2歳 (13)	3歳以上 (14)	
頭	頭	頭	頭	頭	頭	頭	
1) 400,500	1,284,000	...	...	...	...	...	(1)
1) 310,700	1,350,000	...	...	...	...	...	(2)
1) 331,700	1,354,000	...	...	...	...	...	(3)
1) 359,100	1,309,000	...	...	...	...	...	(4)
1) 349,900	1,200,000	...	...	...	...	...	(5)
1) 394,800	919,100	...	...	...	...	...	(6)
1) 377,300	733,400	...	...	...	...	...	(7)
1) 362,200	700,200	...	...	...	...	...	(8)
1) 365,100	715,200	...	...	...	...	...	(9)
1) 389,700	748,700	...	...	...	...	...	(10)
1) 370,200	794,400	...	...	...	...	...	(11)
1) 374,800	714,200	...	...	...	...	...	(12)
1) 361,000	613,400	...	...	...	...	...	(13)
1) 348,500	587,900	...	...	...	...	...	(14)
1) 337,600	594,600	...	...	...	...	...	(15)
1) 340,100	609,300	...	...	...	...	...	(16)
1) 344,300	644,700	681,300	...	...	...	...	(17)
1) 351,400	642,300	...	...	...	...	...	(18)
1) 345,600	631,700	...	...	...	...	...	(19)
1) 341,400	623,300	...	...	...	...	...	(20)
154,000	619,000	...	...	...	...	...	(21)
1) 353,300	632,600	679,800	...	...	...	...	(22)
1) 375,100	642,700	...	...	...	...	...	(23)
1) 391,800	671,100	742,800	...	...	...	...	(24)
1) 408,300	678,000	741,700	...	...	...	...	(25)
1) 414,400	664,600	...	...	...	...	...	(26)
1) 397,800	678,900	695,400	...	...	...	...	(27)
1) 390,900	655,800	671,800	...	105,700	2) 566,100	...	(28)
1) 389,800	651,000	666,200	...	101,500	2) 564,700	...	(29)
1) 387,900	658,600	672,900	...	99,400	2) 573,400	...	(30)
...	...	686,500	...	...	...	...	(31)
174,700	701,900	713,700	34,500	66,900	2) 612,300	...	(32)
183,000	733,500	739,000	35,500	67,800	2) 635,600	...	(33)
186,200	752,400	744,700	34,500	65,400	2) 644,800	...	(34)
192,500	747,400	724,600	31,100	60,700	2) 632,800	...	(35)
...	...	700,500	...	...	...	...	(36)
186,900	724,100	672,600	26,100	55,800	2) 590,600	...	(37)
182,500	706,800	653,900	24,200	55,900	2) 573,700	...	(38)
182,800	693,600	649,100	23,000	55,400	2) 570,700	...	(39)
178,400	682,500	644,200	23,200	52,800	2) 568,200	...	(40)
...	...	635,500	...	...	...	...	(41)
198,500	659,400	634,600	23,000	56,400	2) 555,100	...	(42)
194,900	671,400	636,900	26,500	55,700	2) 554,800	...	(43)
194,100	656,000	642,900	28,300	57,700	2) 556,800	...	(44)
207,800	642,700	628,000	26,600	55,100	2) 546,200	...	(45)
215,100	645,800	623,200	25,900	54,300	60,800	482,300	(46)
225,500	658,400	621,500	27,900	57,300	58,200	478,000	(47)
230,000	668,700	635,900	27,900	59,500	61,000	487,500	(48)
242,100	701,300	667,300	33,100	63,200	64,700	506,300	(49)
253,800	719,300	682,100	31,400	67,900	66,900	515,900	(50)
262,700	727,200	683,900	33,200	62,400	69,700	518,700	(51)
258,100	714,200	667,900	31,500	61,800	61,700	512,900	(52)
251,800	705,300	642,200	28,400	54,100	59,900	499,800	(53)
247,000	682,400	618,400	25,900	51,400	57,100	484,000	(54)
234,600	660,900	595,200	27,400	48,300	49,800	469,700	(55)
231,200	634,000	579,500	26,800	47,900	48,600	456,200	(56)
232,400	622,000	589,100	28,100	50,000	52,500	458,500	(57)
232,000	640,100	597,300	35,500	50,800	49,500	461,400	(58)
235,400	651,000	610,400	36,400	56,800	52,100	465,100	(59)
242,100	655,000	625,900	38,300	59,500	55,600	472,400	(60)
235,800	641,400	605,300	...	...	...	...	(61)
238,500	654,600	622,000	...	...	...	...	(62)

2 肉用牛（続き）

(1) 飼養戸数・頭数（全国）（昭和35年～平成31年）（続き）

年次	飼養頭数 肉用種（続き）							
	めす用（続き）					おす		
	子取り用めす牛（続き）					小計	1歳未満	1歳
	子取り用めす牛のうち、出産経験のある牛							
	小計	2歳以下	3歳	4歳	5歳以上			
	(15)	(16)	(17)	(18)	(19)	(20)	(21)	(22)
	頭	頭	頭	頭	頭	頭	頭	頭
昭和 35 年 (1)	…	…	…	…	…	654,900	…	…
36 (2)	…	…	…	…	…	652,800	…	1) 246,300
37 (3)	…	…	…	…	…	646,500	…	1) 275,100
38 (4)	…	…	…	…	…	668,400	…	1) 301,700
39 (5)	…	…	…	…	…	657,600	…	1) 317,500
40 (6)	…	…	…	…	…	572,000	…	1) 343,300
41 (7)	…	…	…	…	…	466,200	…	1) 326,700
42 (8)	…	…	…	…	…	489,100	…	1) 364,800
43 (9)	…	…	…	…	…	585,300	…	1) 453,100
44 (10)	…	…	…	…	…	656,300	…	1) 511,600
45 (11)	…	…	…	…	…	624,300	…	1) 448,900
46 (12)	…	…	…	…	…	483,800	…	1) 367,500
47 (13)	…	…	…	…	…	479,400	…	1) 364,000
48 (14)	…	…	…	…	…	436,600	…	1) 340,800
49 (15)	…	…	…	…	…	441,300	…	1) 337,600
50 (16)	…	…	…	…	…	432,200	…	1) 331,500
51 (17)	…	…	…	…	…	438,000	…	1) 353,500
52 (18)	…	…	…	…	…	461,700	…	1) 366,500
53 (19)	…	…	…	…	…	486,900	…	1) 369,000
54 (20)	…	…	…	…	…	489,000	…	1) 373,800
55 (21)	…	…	…	…	…	473,000	222,000	158,000
56 (22)	…	…	…	…	…	491,800	…	1) 378,500
57 (23)	…	…	…	…	…	511,600	…	1) 393,500
58 (24)	…	…	…	…	…	543,400	…	1) 418,500
59 (25)	…	…	…	…	…	571,500	…	1) 444,700
60 (26)	…	…	…	…	…	567,500	…	1) 449,900
61 (27)	…	…	…	…	…	585,500	…	1) 444,600
62 (28)	…	…	…	…	…	580,200	…	1) 438,600
63 (29)	…	…	…	…	…	574,000	…	1) 432,800
平成 元 (30)	…	…	…	…	…	580,400	…	1) 440,700
2 (31)	…	…	…	…	…	598,000	…	…
3 (32)	…	…	…	…	…	616,900	249,300	216,700
4 (33)	…	…	…	…	…	651,600	260,600	228,500
5 (34)	…	…	…	…	…	676,700	271,200	239,200
6 (35)	…	…	…	…	…	684,300	274,100	243,000
7 (36)	…	…	…	…	…	704,300	…	…
8 (37)	…	…	…	…	…	677,200	265,500	242,000
9 (38)	…	…	…	…	…	661,000	260,500	231,700
10 (39)	…	…	…	…	…	638,000	253,400	223,400
11 (40)	…	…	…	…	…	627,200	242,300	223,800
12 (41)	…	…	…	…	…	630,600	…	…
13 (42)	…	…	…	…	…	613,100	227,800	237,000
14 (43)	…	…	…	…	…	632,800	229,900	250,800
15 (44)	…	…	…	…	…	636,100	240,300	227,600
16 (45)	…	…	…	…	…	636,600	253,500	245,100
17 (46)	…	…	…	…	…	618,900	246,300	248,800
18 (47)	…	…	…	…	…	613,000	238,900	258,200
19 (48)	…	…	…	…	…	628,600	236,200	273,100
20 (49)	…	…	…	…	…	653,800	246,700	279,500
21 (50)	…	…	…	…	…	674,200	260,200	290,900
22 (51)	…	…	…	…	…	689,600	264,300	299,300
23 (52)	…	…	…	…	…	662,600	253,900	289,900
24 (53)	…	…	…	…	…	650,500	245,200	283,000
25 (54)	…	…	…	…	…	628,100	232,300	280,800
26 (55)	…	…	…	…	…	611,700	230,400	267,100
27 (56)	…	…	…	…	…	591,400	223,500	262,000
28 (57)	…	…	…	…	…	588,600	217,300	267,700
29 (58)	…	…	…	…	…	593,800	219,900	263,900
30 (59)	…	…	…	…	…	610,100	231,100	272,700
31 (旧) (60)	…	…	…	…	…	620,300	240,000	276,900
31 (新) (61)	551,100	56,000	64,400	57,300	373,400	635,400	265,200	272,300
令和 2 (62)	558,700	56,900	68,000	63,700	370,100	654,200	270,000	278,700

（続	き）						対 前	年 比	
	乳	用	種		乳用種頭数割合	1戸当り飼養頭数	飼養戸数	飼養頭数	
2歳以上	計	交雑種	めす	交雑種	(24)／(3)	(3)／(1)			
(23)	(24)	(25)	(26)	(27)	(28)	(29)	(30)	(31)	
頭	頭	頭	頭	頭	%	頭	%	%	
…	…	…	…	…	…	1.2	97.4	98.9	(1)
406,500	…	…	…	…	…	1.2	96.7	98.9	(2)
371,400	…	…	…	…	…	1.2	96.6	100.8	(3)
366,800	…	…	…	…	…	1.2	96.0	100.2	(4)
340,100	…	…	…	…	…	1.3	92.8	94.5	(5)
228,700	…	…	…	…	…	1.3	85.8	85.4	(6)
139,500	…	…	…	…	…	1.4	81.1	83.6	(7)
124,300	…	…	…	…	…	1.5	91.7	98.4	(8)
132,200	…	…	…	…	…	1.6	96.3	107.4	(9)
144,700	…	…	…	…	…	1.8	96.3	107.7	(10)
175,400	…	…	…	…	…	2.0	91.2	99.7	(11)
116,300	186,300	…	…	…	10.6	2.2	88.4	98.3	(12)
115,400	294,900	…	…	…	16.9	2.6	84.4	99.4	(13)
95,800	444,600	…	…	…	24.5	3.1	88.4	104.0	(14)
103,600	524,100	…	91,000	…	27.6	3.6	89.4	104.4	(15)
100,700	475,500	…	…	…	25.6	3.9	89.0	97.8	(16)
84,400	485,200	…	…	…	25.4	4.3	94.9	103.0	(17)
95,800	531,400	…	…	…	26.7	4.7	94.4	103.9	(18)
117,900	565,600	…	…	…	27.9	5.1	94.7	102.2	(19)
116,000	629,200	…	…	…	30.2	5.5	94.8	102.6	(20)
93,000	692,000	…	…	…	32.1	5.9	95.6	103.6	(21)
113,300	803,300	…	…	…	35.2	6.5	96.9	105.8	(22)
118,100	852,600	…	…	…	35.8	7.0	96.4	104.4	(23)
125,000	885,800	…	…	…	35.5	7.6	96.5	104.6	(24)
126,800	913,900	…	…	…	35.5	8.2	95.9	103.2	(25)
117,600	941,000	…	…	…	36.4	8.7	94.7	100.6	(26)
140,900	977,200	…	…	…	37.0	9.2	96.3	102.0	(27)
141,700	1,018,000	…	…	…	38.5	9.7	94.9	100.2	(28)
141,200	1,036,000	…	…	…	39.1	10.2	95.5	100.2	(29)
139,800	1,024,000	…	…	…	38.6	10.8	94.6	100.0	(30)
…	1,038,000	…	…	…	38.4	11.6	94.4	101.9	(31)
150,900	1,073,000	186,100	230,000	73,100	38.3	12.7	95.2	103.8	(32)
162,500	1,083,000	211,100	221,800	80,000	37.4	13.8	95.0	103.3	(33)
166,300	1,088,000	276,300	231,600	109,700	36.8	14.9	94.7	102.0	(34)
167,200	1,093,000	304,800	249,400	117,400	36.8	16.1	92.7	100.5	(35)
…	1,093,000	…	…	…	36.9	17.5	92.0	99.8	(36)
169,700	1,077,000	355,900	229,200	140,600	37.1	18.7	91.3	97.8	(37)
168,800	1,072,000	444,500	256,800	180,000	37.6	20.0	92.2	98.3	(38)
161,100	1,108,000	565,900	285,400	227,400	38.9	21.3	93.4	99.9	(39)
161,200	1,131,000	651,200	311,500	261,600	39.8	22.8	93.4	99.8	(40)
…	1,124,000	663,300	305,600	…	39.8	24.2	93.5	99.3	(41)
148,200	1,126,000	681,900	295,100	268,500	40.1	25.5	94.5	99.4	(42)
152,000	1,127,000	643,500	300,900	275,400	39.7	27.2	94.6	101.1	(43)
168,200	1,101,000	629,800	288,800	268,400	39.3	28.6	94.1	98.8	(44)
138,000	1,079,000	608,700	298,200	277,700	38.7	29.7	95.7	99.4	(45)
123,800	1,049,000	578,500	291,200	267,500	38.2	30.7	95.4	98.5	(46)
115,900	1,052,000	583,800	295,900	272,600	38.2	32.2	95.5	100.3	(47)
119,200	1,064,000	604,000	301,400	283,500	37.9	34.1	96.1	101.9	(48)
127,600	1,067,000	635,700	318,100	301,700	36.9	35.9	97.7	103.0	(49)
123,100	1,033,000	622,100	308,500	298,800	35.3	37.8	96.1	101.1	(50)
126,000	968,300	547,300	274,600	264,800	33.5	38.9	96.2	98.9	(51)
118,700	894,800	483,000	243,800	235,100	32.4	39.7	93.5	95.5	(52)
122,300	891,700	499,100	248,700	240,700	32.7	41.8	93.7	98.6	(53)
115,000	873,400	497,900	247,600	240,200	33.1	43.1	94.0	97.0	(54)
114,200	851,400	483,900	241,600	233,400	33.2	44.6	93.8	97.2	(55)
105,900	827,700	482,400	239,500	232,200	33.3	45.8	94.6	97.0	(56)
103,500	837,100	505,300	249,700	242,700	33.8	47.8	95.4	99.6	(57)
110,000	834,700	521,600	258,700	251,500	33.4	49.9	96.5	100.8	(58)
106,300	813,000	517,900	259,500	252,700	32.3	52.0	96.4	100.6	(59)
103,400	768,600	494,200	247,700	240,700	30.7	54.1	95.9	99.6	(60)
97,900	776,600	498,800	250,600	242,600	30.7	55.4	nc	nc	(61)
105,400	**763,400**	**495,400**	**248,600**	**240,900**	**29.9**	**58.2**	**96.3**	**101.1**	**(62)**

124 肉 用 牛 （累年）

2 肉用牛(続き)

(2) 飼養戸数・頭数（全国農業地域別）（平成28年～令和2年）

年次	飼養戸数	乳用種のいる戸数	飼養 合計	肉 計	肥育用牛	め 小計	1歳未満
	(1)	(2)	(3)	(4)	(5)	(6)	(7)
	戸	戸	頭	頭	頭	頭	頭
北 海 道							
平成 28 年 (1)	2,600	937	512,500	170,500	46,600	118,800	28,000
29 (2)	2,610	954	516,500	177,300	48,500	123,000	28,900
30 (3)	2,570	940	524,500	186,600	52,400	128,700	30,700
31(旧) (4)	2,560	935	512,800	188,700	53,600	130,000	31,000
31(新) (5)	2,360	867	518,600	190,200	56,400	130,900	31,500
令和 2 (6)	2,350	892	524,700	196,000	57,100	134,800	33,000
都 府 県							
平成 28 年 (7)	49,300	4,240	1,967,000	1,472,000	673,400	934,700	171,100
29 (8)	47,500	4,180	1,982,000	1,487,000	673,800	947,200	169,100
30 (9)	45,800	3,910	1,990,000	1,515,000	684,300	962,700	174,300
31(旧) (10)	43,800	3,740	1,990,000	1,546,000	699,800	984,100	186,000
31(新) (11)	43,200	3,860	2,009,000	1,561,000	708,800	984,500	206,700
令和 2 (12)	41,600	3,670	2,031,000	1,596,000	727,500	1,003,000	211,600
東 北							
平成 28 年 (13)	13,700	711	334,300	255,500	108,600	172,600	31,400
29 (14)	13,100	698	336,700	258,900	109,700	174,500	31,900
30 (15)	12,500	670	333,200	261,300	112,500	177,000	32,100
31(旧) (16)	11,800	671	326,900	260,700	109,500	177,100	32,600
31(新) (17)	11,600	655	336,400	269,900	111,900	181,500	37,100
令和 2 (18)	11,100	642	334,500	270,300	113,100	181,200	37,000
北 陸							
平成 28 年 (19)	423	149	21,000	10,600	6,580	5,000	1,090
29 (20)	411	157	21,300	10,900	7,010	5,120	1,230
30 (21)	403	140	21,000	11,200	6,910	5,370	1,250
31(旧) (22)	377	131	21,400	11,200	6,590	5,620	1,380
31(新) (23)	362	120	21,600	11,400	6,980	5,680	1,440
令和 2 (24)	343	121	21,700	11,900	7,230	6,030	1,430
関 東 ・ 東 山							
平成 28 年 (25)	3,310	1,130	277,700	134,400	84,300	65,300	13,300
29 (26)	3,200	1,100	279,600	135,500	86,400	64,800	13,300
30 (27)	3,010	1,010	276,700	138,400	87,000	66,600	14,000
31(旧) (28)	2,890	961	270,400	140,900	87,500	68,300	14,900
31(新) (29)	2,900	1,010	273,400	142,400	88,800	69,000	15,700
令和 2 (30)	2,790	952	272,400	146,200	91,100	70,900	16,000
東 海							
平成 28 年 (31)	1,200	417	122,100	69,900	51,100	47,300	8,230
29 (32)	1,170	406	122,900	71,600	52,900	48,400	8,480
30 (33)	1,140	377	122,200	72,600	54,100	49,200	8,460
31(旧) (34)	1,100	367	119,900	73,900	54,200	50,100	9,230
31(新) (35)	1,130	426	120,800	74,400	54,300	50,300	9,500
令和 2 (36)	1,100	402	121,800	75,900	55,100	51,800	9,390
近 畿							
平成 28 年 (37)	1,670	181	81,200	67,500	42,000	42,000	6,920
29 (38)	1,610	182	83,100	68,600	41,400	43,000	6,570
30 (39)	1,570	171	84,300	70,800	42,700	44,000	7,290
31(旧) (40)	1,520	154	85,700	72,500	45,000	44,900	7,410
31(新) (41)	1,530	151	87,400	74,100	44,800	45,700	8,230
令和 2 (42)	1,500	148	89,100	76,200	46,400	47,400	8,720

頭	数	種				
用		す				
		子 取 り 用 め す 牛				
1歳	2歳以上	小計	1歳未満	1歳	2歳	3歳以上
(8)	(9)	(10)	(11)	(12)	(13)	(14)
頭	頭	頭	頭	頭	頭	頭
19,500	71,320	72,700	3,740	7,700	6,130	55,200	(1)
20,700	73,400	73,700	7,220	5,680	7,500	53,300	(2)
21,300	76,700	75,100	5,940	7,960	8,260	52,900	(3)
22,800	76,200	75,600	6,060	8,360	8,220	52,900	(4)
22,900	76,500	73,100	…	…	…	…	(5)
23,200	78,700	75,600	…	…	…	…	(6)
212,900	550,700	516,400	24,400	42,300	46,400	403,400	(7)
211,300	566,700	523,600	28,300	45,200	42,000	408,100	(8)
214,100	574,300	535,300	30,500	48,800	43,900	412,200	(9)
219,300	578,700	550,300	32,200	51,200	47,400	419,500	(10)
212,900	564,900	532,200	…	…	…	…	(11)
215,300	575,900	546,400	…	…	…	…	(12)
38,200	102,890	95,600	3,740	8,610	8,690	74,500	(13)
38,600	104,100	97,200	4,820	8,250	8,840	75,300	(14)
39,300	105,600	97,300	5,720	8,510	7,850	75,200	(15)
38,500	105,900	99,400	6,000	10,100	10,500	72,700	(16)
38,500	105,900	98,700	…	…	…	…	(17)
38,100	106,100	99,100	…	…	…	…	(18)
1,110	2,820	2,510	190	200	180	1,950	(19)
1,150	2,740	2,550	190	310	190	1,850	(20)
1,350	2,780	2,640	190	310	260	1,880	(21)
1,260	2,980	2,960	260	360	360	1,970	(22)
1,260	2,980	2,760	…	…	…	…	(23)
1,530	3,080	2,920	…	…	…	…	(24)
16,200	35,800	30,200	1,810	2,670	2,460	23,300	(25)
15,800	35,800	30,600	2,230	2,980	2,880	22,600	(26)
16,100	36,500	32,700	2,090	3,500	3,350	23,700	(27)
16,800	36,600	33,200	2,340	3,380	3,340	24,200	(28)
16,800	36,600	32,600	…	…	…	…	(29)
17,100	37,700	33,600	…	…	…	…	(30)
19,400	19,690	12,100	590	990	810	9,750	(31)
19,700	20,200	12,200	620	1,040	770	9,740	(32)
19,700	21,100	12,200	660	1,070	890	9,550	(33)
20,000	20,900	13,100	860	1,660	960	9,590	(34)
20,000	20,900	13,000	…	…	…	…	(35)
20,600	21,900	13,500	…	…	…	…	(36)
14,100	20,990	18,800	1,110	2,210	2,150	13,300	(37)
14,900	21,500	19,500	1,680	1,970	2,320	13,500	(38)
14,800	21,900	19,700	1,880	2,060	2,130	13,600	(39)
15,100	22,400	19,800	1,960	1,960	1,740	14,100	(40)
15,100	22,400	20,400	…	…	…	…	(41)
15,300	23,400	20,800	…	…	…	…	(42)

2　肉用牛(続き)

(2)　飼養戸数・頭数（全国農業地域別）（平成28年～令和2年）（続き）

年　　次		肉　用　種　（　続　き　）					おす		
		めす（続き）					小計	1歳未満	1歳
		子取り用めす牛（続き）							
			子取り用めす牛のうち、出産経験のある牛						
		小計	2歳以下	3歳	4歳	5歳以上			
		(15)	(16)	(17)	(18)	(19)	(20)	(21)	(22)
		頭	頭	頭	頭	頭	頭	頭	頭
北　海　道									
平成 28 年	(1)	…	…	…	…	…	51,800	29,400	17,000
29	(2)	…	…	…	…	…	54,400	30,300	17,400
30	(3)	…	…	…	…	…	57,800	32,700	18,200
31(旧)	(4)	…	…	…	…	…	58,700	32,900	19,300
31(新)	(5)	69,500	7,970	9,030	7,560	45,000	59,300	33,500	19,400
令和 2	(6)	70,500	8,290	9,110	8,850	44,300	61,200	34,900	19,200
都　府　県									
平成 28 年	(7)	…	…	…	…	…	536,800	187,900	250,700
29	(8)	…	…	…	…	…	539,500	189,600	246,500
30	(9)	…	…	…	…	…	552,200	198,500	254,500
31(旧)	(10)	…	…	…	…	…	561,600	207,100	257,500
31(新)	(11)	481,600	48,100	55,300	49,800	328,400	576,100	231,800	252,900
令和 2	(12)	488,200	48,600	58,900	54,800	325,900	593,000	235,200	259,500
東　　　北									
平成 28 年	(13)	…	…	…	…	…	82,900	32,800	34,800
29	(14)	…	…	…	…	…	84,300	33,700	34,400
30	(15)	…	…	…	…	…	84,300	33,600	35,500
31(旧)	(16)	…	…	…	…	…	83,700	34,800	34,400
31(新)	(17)	88,700	9,330	11,400	10,200	57,900	88,400	39,700	34,300
令和 2	(18)	88,900	8,810	11,100	11,100	57,900	89,100	39,700	35,200
北　　　陸									
平成 28 年	(19)	…	…	…	…	…	5,580	1,680	2,920
29	(20)	…	…	…	…	…	5,730	1,710	3,030
30	(21)	…	…	…	…	…	5,800	1,760	2,860
31(旧)	(22)	…	…	…	…	…	5,620	1,810	2,980
31(新)	(23)	2,600	360	310	230	1,710	5,690	1,890	2,980
令和 2	(24)	2,700	300	420	300	1,680	5,900	2,040	2,950
関 東 ・ 東 山									
平成 28 年	(25)	…	…	…	…	…	69,200	19,000	35,100
29	(26)	…	…	…	…	…	70,700	18,900	36,100
30	(27)	…	…	…	…	…	71,800	19,600	36,100
31(旧)	(28)	…	…	…	…	…	72,600	20,900	36,700
31(新)	(29)	30,700	3,390	3,610	3,240	20,500	73,400	21,600	36,700
令和 2	(30)	31,300	3,290	4,020	3,580	20,400	75,300	22,100	37,800
東　　　海									
平成 28 年	(31)	…	…	…	…	…	22,600	7,080	11,300
29	(32)	…	…	…	…	…	23,200	7,340	11,600
30	(33)	…	…	…	…	…	23,400	7,450	11,800
31(旧)	(34)	…	…	…	…	…	23,800	7,730	12,000
31(新)	(35)	11,900	1,450	1,430	1,300	7,710	24,100	8,020	12,000
令和 2	(36)	12,300	1,470	1,660	1,440	7,770	24,100	8,360	11,700
近　　　畿									
平成 28 年	(37)	…	…	…	…	…	25,500	7,070	13,300
29	(38)	…	…	…	…	…	25,600	7,310	12,400
30	(39)	…	…	…	…	…	26,800	7,410	13,800
31(旧)	(40)	…	…	…	…	…	27,600	8,380	13,700
31(新)	(41)	15,500	1,690	1,730	1,280	10,800	28,400	9,170	13,700
令和 2	(42)	15,900	1,630	1,960	1,690	10,600	28,800	8,530	14,400

（ 続 き ） 乳 用 種					乳用種頭数割合	1戸当り飼養頭数	対 前 年 比		
2歳以上	計	交雑種	めす	交雑種	(24)／(3)	(3)／(1)	飼養戸数	飼養頭数	
(23)	(24)	(25)	(26)	(27)	(28)	(29)	(30)	(31)	
頭	頭	頭	頭	頭	％	頭	％	％	
5,330	342,000	131,800	67,000	62,900	66.7	197.1	99.2	101.4	(1)
6,640	339,200	139,400	70,000	65,900	65.7	197.9	100.4	100.8	(2)
7,030	337,900	144,800	73,300	69,100	64.4	204.1	98.5	101.5	(3)
6,440	324,100	139,600	70,500	66,300	63.2	200.3	99.6	97.8	(4)
6,440	328,400	141,700	72,200	67,000	63.3	219.7	nc	nc	(5)
7,100	328,700	146,700	74,100	69,200	62.6	223.3	99.6	101.2	(6)
98,200	495,200	373,500	182,700	179,800	25.2	39.9	95.2	99.2	(7)
103,300	495,500	382,200	188,600	185,500	25.0	41.7	96.3	100.8	(8)
99,200	475,100	373,100	186,200	183,600	23.9	43.4	96.4	100.4	(9)
97,000	444,500	354,600	177,200	174,400	22.3	45.4	95.6	100.0	(10)
91,500	448,200	357,100	178,500	175,600	22.3	46.5	nc	nc	(11)
98,300	434,700	348,800	174,500	171,700	21.4	48.8	96.3	101.1	(12)
15,300	78,800	51,400	27,000	26,800	23.6	24.4	94.5	100.2	(13)
16,200	77,900	53,100	27,000	26,600	23.1	25.7	95.6	100.7	(14)
15,200	71,900	49,300	25,500	25,200	21.6	26.7	95.4	99.0	(15)
14,400	66,200	46,700	24,400	24,100	20.3	27.7	94.4	98.1	(16)
14,400	66,500	46,900	24,600	24,200	19.8	29.0	nc	nc	(17)
14,300	64,200	46,000	24,200	23,800	19.2	30.1	95.7	99.4	(18)
980	10,400	6,980	4,150	4,070	49.5	49.6	97.5	100.0	(19)
1,000	10,400	6,880	4,030	3,930	48.8	51.8	97.2	101.4	(20)
1,180	9,830	6,560	3,500	3,470	46.8	52.1	98.1	98.6	(21)
830	10,100	7,040	3,490	3,450	47.2	56.8	93.5	101.9	(22)
830	10,200	7,090	3,560	3,480	47.2	59.7	nc	nc	(23)
910	9,740	7,160	3,450	3,380	44.9	63.3	94.8	100.5	(24)
15,100	143,300	110,800	54,500	54,000	51.6	83.9	97.1	99.2	(25)
15,800	144,000	112,500	56,200	55,600	51.5	87.4	96.7	100.7	(26)
16,000	138,300	110,300	55,400	55,000	50.0	91.9	94.1	99.0	(27)
15,000	129,500	102,800	51,900	51,300	47.9	93.6	96.0	97.7	(28)
15,000	131,000	103,600	52,800	51,800	47.9	94.3	nc	nc	(29)
15,500	126,200	100,700	51,600	50,600	46.3	97.6	96.2	99.6	(30)
4,180	52,300	44,800	22,700	22,600	42.8	101.8	93.8	97.9	(31)
4,300	51,300	44,300	22,500	22,400	41.7	105.0	97.5	100.7	(32)
4,220	49,500	43,300	21,900	21,700	40.5	107.2	97.4	99.4	(33)
4,100	46,000	40,500	20,300	20,100	38.4	109.0	96.5	98.1	(34)
4,100	46,400	40,900	20,400	20,200	38.4	106.9	nc	nc	(35)
4,070	45,900	40,900	20,500	20,400	37.7	110.7	97.3	100.8	(36)
5,160	13,700	11,900	6,300	6,270	16.9	48.6	96.5	100.6	(37)
5,920	14,500	13,000	7,340	7,280	17.4	51.6	96.4	102.3	(38)
5,640	13,500	12,200	6,890	6,850	16.0	53.7	97.5	101.4	(39)
5,520	13,200	12,000	6,730	6,650	15.4	56.4	96.8	101.7	(40)
5,520	13,300	12,100	6,790	6,750	15.2	57.1	nc	nc	(41)
5,820	13,000	11,900	6,760	6,700	14.6	59.4	98.0	101.9	(42)

2 肉用牛(続き)

(2) 飼養戸数・頭数 (全国農業地域別) (平成28年～令和2年) (続き)

年 次		飼養戸数	乳用種の いる戸数	飼養					
					肉				
				合計	計	肥育用牛	め		
							小計	1歳未満	
		(1) 戸	(2) 戸	(3) 頭	(4) 頭	(5) 頭	(6) 頭	(7) 頭	
中 国									
平成 28 年	(43)	2,920	296	117,900	69,000	33,200	45,100	8,460	
29	(44)	2,820	372	118,600	69,100	33,400	45,700	8,230	
30	(45)	2,740	336	119,400	71,700	34,400	47,400	8,900	
31 (旧)	(46)	2,620	304	119,500	73,600	35,400	49,000	9,470	
31 (新)	(47)	2,560	321	121,600	75,600	36,100	49,900	10,400	
令和 2	(48)	2,430	289	124,300	78,100	37,500	51,600	10,900	
四 国									
平成 28 年	(49)	779	271	58,300	24,600	16,300	14,800	2,730	
29	(50)	741	272	58,300	25,100	16,300	15,100	2,650	
30	(51)	724	267	58,600	26,200	16,700	15,700	2,860	
31 (旧)	(52)	695	251	58,100	27,100	16,800	16,200	3,040	
31 (新)	(53)	684	240	58,600	27,500	17,800	16,400	3,220	
令和 2	(54)	667	221	59,900	28,500	18,100	17,000	3,350	
九 州									
平成 28 年	(55)	22,700	1,050	883,700	770,400	325,100	488,700	89,900	
29	(56)	22,000	962	889,700	775,900	320,200	495,500	87,400	
30	(57)	21,200	914	901,100	789,700	323,100	501,100	89,800	
31 (旧)	(58)	20,400	873	913,600	811,400	337,500	515,400	98,000	
31 (新)	(59)	20,100	889	910,000	807,100	341,600	506,500	109,200	
令和 2	(60)	19,300	840	927,100	829,600	352,200	516,600	112,700	
沖 縄									
平成 28 年	(61)	2,610	28	70,500	69,700	6,270	53,900	9,080	
29	(62)	2,530	27	72,000	71,200	6,530	55,100	9,460	
30	(63)	2,470	22	73,600	72,900	6,850	56,300	9,640	
31 (旧)	(64)	2,380	23	74,700	74,200	7,370	57,500	9,990	
31 (新)	(65)	2,360	53	78,900	78,200	6,570	59,500	12,000	
令和 2	(66)	2,350	51	79,700	79,100	6,800	60,300	12,000	
関 東 農 政 局									
平成 28 年	(67)	3,450	1,190	298,900	141,600	90,200	70,900	14,200	
29	(68)	3,330	1,170	300,300	142,800	92,400	70,400	14,200	
30	(69)	3,140	1,070	297,000	145,700	93,000	72,100	14,900	
31 (旧)	(70)	3,000	1,030	289,700	148,200	93,300	73,800	15,800	
31 (新)	(71)	3,020	1,070	293,000	149,700	94,800	74,500	16,500	
令和 2	(72)	2,910	1,020	291,600	153,600	97,100	76,200	16,900	
東 海 農 政 局									
平成 28 年	(73)	1,060	351	101,000	62,700	45,200	41,700	7,290	
29	(74)	1,040	338	102,200	64,300	46,900	42,700	7,620	
30	(75)	1,020	319	101,800	65,300	48,100	43,700	7,580	
31 (旧)	(76)	981	298	100,600	66,500	48,400	44,600	8,350	
31 (新)	(77)	1,010	360	101,300	67,100	48,300	44,900	8,610	
令和 2	(78)	985	335	102,700	68,500	49,100	46,400	8,530	
中国四国農政局									
平成 28 年	(79)	3,700	567	176,200	93,600	49,400	59,900	11,200	
29	(80)	3,560	644	177,000	94,200	49,700	60,800	10,900	
30	(81)	3,470	603	177,900	97,900	51,100	63,100	11,800	
31 (旧)	(82)	3,320	555	177,600	100,800	52,200	65,100	12,500	
31 (新)	(83)	3,240	561	180,300	103,100	53,800	66,300	13,700	
令和 2	(84)	3,100	510	184,200	106,600	55,600	68,600	14,200	

		頭　　　　　　　　　　　　　　数					
		用　　　　　　　　　　　　　　種					
		す					
			子　取　り　用　め　す　牛				
1歳	2歳以上	小計	1歳未満	1歳	2歳	3歳以上	
(8)	(9)	(10)	(11)	(12)	(13)	(14)	
頭	頭	頭	頭	頭	頭	頭	
10,500	26,210	24,900	1,550	2,260	2,470	18,600	(43)
10,800	26,700	24,700	1,380	2,030	2,070	19,200	(44)
10,700	27,900	26,100	1,430	2,280	2,410	20,000	(45)
11,100	28,400	26,000	1,920	2,540	2,480	19,100	(46)
11,100	28,400	27,000	…	…	…	…	(47)
11,100	29,600	27,700	…	…	…	…	(48)
4,880	7,150	6,040	460	460	490	4,640	(49)
5,050	7,380	6,050	430	520	490	4,610	(50)
5,030	7,820	6,800	550	750	560	4,950	(51)
5,270	7,880	7,250	580	910	850	4,920	(52)
5,270	7,880	7,050	…	…	…	…	(53)
5,190	8,460	7,490	…	…	…	…	(54)
104,000	294,900	284,400	12,500	21,700	26,600	223,500	(55)
100,600	307,500	288,300	14,600	24,300	20,500	228,900	(56)
102,700	308,600	295,000	16,100	27,100	23,100	228,800	(57)
106,300	311,100	304,900	16,400	27,300	23,800	237,400	(58)
99,900	297,400	287,900	…	…	…	…	(59)
101,500	302,400	297,200	…	…	…	…	(60)
4,570	40,350	41,800	2,400	3,160	2,560	33,700	(61)
4,850	40,800	42,600	2,370	3,760	3,940	32,500	(62)
4,490	42,200	43,000	1,870	3,290	3,330	34,500	(63)
5,040	42,500	43,700	1,880	2,950	3,350	35,600	(64)
5,030	42,400	42,900	…	…	…	…	(65)
4,900	43,300	44,100	…	…	…	…	(66)
19,200	37,480	31,100	1,870	2,790	2,550	23,900	(67)
18,800	37,500	31,600	2,300	3,100	2,990	23,200	(68)
19,000	38,200	33,600	2,140	3,600	3,510	24,300	(69)
19,700	38,300	34,200	2,420	3,510	3,460	24,900	(70)
19,700	38,300	33,500	…	…	…	…	(71)
20,000	39,300	34,500	…	…	…	…	(72)
16,400	18,020	11,200	530	860	720	9,110	(73)
16,600	18,500	11,200	560	920	660	9,100	(74)
16,800	19,300	11,300	610	970	740	8,990	(75)
17,100	19,200	12,000	780	1,520	840	8,890	(76)
17,100	19,200	12,100	…	…	…	…	(77)
17,700	20,200	12,500	…	…	…	…	(78)
15,400	33,360	30,900	2,000	2,710	2,960	23,300	(79)
15,800	34,100	30,700	1,820	2,550	2,550	23,800	(80)
15,700	35,700	32,900	1,970	3,030	2,970	25,000	(81)
16,300	36,300	33,300	2,490	3,450	3,330	24,000	(82)
16,300	36,300	34,000	…	…	…	…	(83)
16,300	38,100	35,200	…	…	…	…	(84)

2 肉用牛(続き)

(2) 飼養戸数・頭数 (全国農業地域別) (平成28年～令和2年) (続き)

年　　次		飼　　養　　頭　　数								
		肉　　用　　種 (続き)						続　き		
		め　　す (続き)						お　　す		
		子 取 り 用 め す 牛 (続き)					小計	1歳未満	1歳
		子取り用めす牛のうち、出産経験のある牛							
		小計	2歳以下	3歳	4歳	5歳以上			
		(15)	(16)	(17)	(18)	(19)	(20)	(21)	(22)
		頭	頭	頭	頭	頭	頭	頭	頭
中　　国									
平成 28 年	(43)	…	…	…	…	…	23,900	9,510	10,800
29	(44)	…	…	…	…	…	23,400	9,380	10,500
30	(45)	…	…	…	…	…	24,300	9,760	11,200
31(旧)	(46)	…	…	…	…	…	24,700	10,600	11,000
31(新)	(47)	24,100	2,550	2,960	2,290	16,300	25,700	11,600	11,000
令和 2	(48)	24,900	2,550	3,060	2,980	16,300	26,500	11,900	11,300
四　　国									
平成 28 年	(49)	…	…	…	…	…	9,830	3,060	5,150
29	(50)	…	…	…	…	…	9,990	3,060	5,040
30	(51)	…	…	…	…	…	10,500	3,250	5,500
31(旧)	(52)	…	…	…	…	…	11,000	3,520	5,680
31(新)	(53)	6,210	720	800	570	4,120	11,200	3,720	5,680
令和 2	(54)	6,570	800	850	790	4,130	11,500	3,790	5,670
九　　州									
平成 28 年	(55)	…	…	…	…	…	281,700	98,500	134,900
29	(56)	…	…	…	…	…	280,400	98,700	130,700
30	(57)	…	…	…	…	…	288,600	105,700	134,700
31(旧)	(58)	…	…	…	…	…	296,000	109,400	138,200
31(新)	(59)	264,000	25,800	29,100	26,800	182,400	300,600	123,900	133,700
令和 2	(60)	267,200	26,700	32,000	28,800	179,700	313,000	126,700	137,600
沖　　縄									
平成 28 年	(61)	…	…	…	…	…	15,800	9,270	2,380
29	(62)	…	…	…	…	…	16,100	9,600	2,780
30	(63)	…	…	…	…	…	16,600	9,840	3,050
31(旧)	(64)	…	…	…	…	…	16,700	9,980	2,900
31(新)	(65)	37,800	2,800	4,060	3,900	27,000	18,800	12,200	2,890
令和 2	(66)	38,300	3,050	3,760	4,140	27,400	18,800	12,100	2,930
関 東 農 政 局									
平成 28 年	(67)	…	…	…	…	…	70,700	19,500	36,000
29	(68)	…	…	…	…	…	72,400	19,300	37,000
30	(69)	…	…	…	…	…	73,600	20,200	37,100
31(旧)	(70)	…	…	…	…	…	74,500	21,500	37,700
31(新)	(71)	31,500	3,480	3,720	3,330	21,000	75,300	22,300	37,700
令和 2	(72)	32,100	3,400	4,130	3,690	20,900	77,300	22,900	38,800
東 海 農 政 局									
平成 28 年	(73)	…	…	…	…	…	21,000	6,570	10,400
29	(74)	…	…	…	…	…	21,600	6,870	10,600
30	(75)	…	…	…	…	…	21,700	6,890	10,800
31(旧)	(76)	…	…	…	…	…	21,900	7,130	11,000
31(新)	(77)	11,100	1,370	1,320	1,200	7,220	22,200	7,390	11,000
令和 2	(78)	11,500	1,370	1,550	1,330	7,280	22,100	7,590	10,700
中国四国農政局									
平成 28 年	(79)	…	…	…	…	…	33,700	12,600	16,000
29	(80)	…	…	…	…	…	33,400	12,400	15,600
30	(81)	…	…	…	…	…	34,800	13,000	16,700
31(旧)	(82)	…	…	…	…	…	35,600	14,100	16,600
31(新)	(83)	30,300	3,270	3,770	2,860	20,400	36,800	15,300	16,600
令和 2	(84)	31,400	3,350	3,910	3,770	20,400	38,000	15,600	17,000

（　続　き　）					乳 用 種 頭数割合	1戸当り 飼養頭数	対 前 年 比		
乳 用 種							飼養戸数	飼養頭数	
2歳以上	計	交雑種	めす	交雑種					
					(24)／(3)	(3)／(1)			
(23)	(24)	(25)	(26)	(27)	(28)	(29)	(30)	(31)	
頭	頭	頭	頭	頭	%	頭	%	%	
3,510	48,900	35,600	21,000	20,600	41.5	40.4	96.7	98.5	(43)
3,470	49,500	36,500	22,100	21,500	41.7	42.1	96.6	100.6	(44)
3,350	47,700	36,200	21,600	21,000	39.9	43.6	97.2	100.7	(45)
3,120	45,900	35,400	20,900	20,600	38.4	45.6	95.6	100.1	(46)
3,120	46,100	35,500	21,100	20,700	37.9	47.5	nc	nc	(47)
3,300	46,200	36,200	21,200	20,900	37.2	51.2	94.9	102.2	(48)
1,620	33,700	28,200	9,130	8,910	57.8	74.8	96.3	98.0	(49)
1,890	33,300	28,600	9,280	9,100	57.1	78.7	95.1	100.0	(50)
1,750	32,300	27,900	8,960	8,880	55.1	80.9	97.7	100.5	(51)
1,760	30,900	26,800	8,770	8,650	53.2	83.6	96.0	99.1	(52)
1,760	31,100	27,000	8,790	8,730	53.1	85.7	nc	nc	(53)
2,010	31,400	27,100	8,450	8,340	52.4	89.8	97.5	102.2	(54)
48,300	113,300	83,200	37,600	36,200	12.8	38.9	95.0	98.9	(55)
51,000	113,800	86,600	39,900	38,700	12.8	40.4	96.9	100.7	(56)
48,100	111,300	86,800	42,200	41,300	12.4	42.5	96.4	101.3	(57)
48,400	102,200	83,000	40,400	39,300	11.2	44.8	96.2	101.4	(58)
43,000	102,900	83,500	40,200	39,500	11.3	45.3	nc	nc	(59)
48,700	97,500	78,300	38,100	37,400	10.5	48.0	96.0	101.9	(60)
4,120	810	610	350	340	1.1	27.0	96.7	100.3	(61)
3,720	790	690	350	350	1.1	28.5	96.9	102.1	(62)
3,750	650	530	280	280	0.9	29.8	97.6	102.2	(63)
3,820	510	450	250	250	0.7	31.4	96.4	101.5	(64)
3,670	620	540	310	310	0.8	33.4	nc	nc	(65)
3,810	590	510	280	270	0.7	33.9	99.6	101.0	(66)
15,300	157,200	122,900	59,800	59,300	52.6	86.6	96.6	99.1	(67)
16,000	157,500	124,100	61,400	60,800	52.4	90.2	96.5	100.5	(68)
16,300	151,300	121,600	60,300	59,900	50.9	94.6	94.3	98.9	(69)
15,300	141,500	113,300	56,600	55,900	48.8	96.6	95.5	97.5	(70)
15,300	143,200	114,300	57,600	56,500	48.9	97.0	nc	nc	(71)
15,700	138,000	111,300	56,400	55,400	47.3	100.2	96.4	99.5	(72)
3,980	38,300	32,800	17,400	17,300	37.9	95.3	93.8	97.9	(73)
4,050	37,900	32,700	17,300	17,200	37.1	98.3	98.1	101.2	(74)
3,990	36,500	32,000	16,900	16,800	35.9	99.8	98.1	99.6	(75)
3,810	34,000	30,000	15,600	15,500	33.8	102.5	96.2	98.8	(76)
3,810	34,200	30,100	15,600	15,500	33.8	100.3	nc	nc	(77)
3,810	34,200	30,400	15,700	15,600	33.3	104.3	97.5	101.4	(78)
5,130	82,600	63,800	30,100	29,600	46.9	47.6	96.6	98.3	(79)
5,350	82,800	65,100	31,400	30,600	46.8	49.7	96.2	100.5	(80)
5,100	80,000	64,100	30,500	29,900	45.0	51.3	97.5	100.5	(81)
4,880	76,800	62,200	29,700	29,200	43.2	53.5	95.7	99.8	(82)
4,880	77,200	62,500	29,800	29,400	42.8	55.6	nc	nc	(83)
5,310	77,600	63,300	29,600	29,200	42.1	59.4	95.7	102.2	(84)

2　肉用牛（続き）

(3)　総飼養頭数規模別の飼養戸数（全国）　（平成13年～令和2年）

区　　分		計	1　～　2　頭	3　～　4	5　～　9	10　～　19
平成 13 年	(1)	109,700	24,500	21,500	26,100	16,700
14	(2)	103,700	21,000	20,900	24,200	17,000
15	(3)	97,700	19,100	18,700	23,200	16,500
16	(4)	93,300	17,500	17,400	22,400	16,200
17	(5)	89,100	17,200	16,100	21,800	14,900
18	(6)	85,100	16,500	14,500	21,000	14,100
19	(7)	82,000	15,000	13,600	20,300	13,800
20	(8)	80,000	1) 26,300	…	19,200	14,600
21	(9)	76,900	1) 26,100	…	17,800	13,300
22	(10)	74,000	1) 24,300	…	18,000	12,400
23	(11)	69,200	1) 22,400	…	16,000	12,100
24	(12)	64,800	1) 21,200	…	14,300	11,500
25	(13)	60,900	1) 19,300	…	13,500	10,600
26	(14)	57,200	1) 18,100	…	12,900	9,680
27	(15)	54,000	1) 16,700	…	11,500	9,610
28	(16)	51,500	1) 13,800	…	11,600	9,510
29	(17)	49,800	1) 13,200	…	10,300	9,970
30	(18)	48,000	1) 12,400	…	9,620	9,480
31（旧）	(19)	46,000	1) 11,000	…	9,520	9,120
31（新）	(20)	45,600	1) 11,500	…	9,470	8,290
令和 2	(21)	**43,900**	1) **10,700**	…	**8,890**	**8,070**

注：　1　平成20年から階層区分を変更したため、「1～2頭」及び「3～4」を「1～4頭」に、「20～29」及び「30～49」
　　　　を「20～49」に変更した（以下(4)において同じ）。
　　　2　令和2年から階層区分を変更したため、「20～49」を「20～29」及び「30～49」に、「200頭以上うち500頭以上」を
　　　　「200～499」及び「500頭以上」に変更した（以下(4)において同じ）。
　　1)は「3～4」を含む（以下(4)において同じ）。
　　2)は「30～49」を含む（以下(4)において同じ）。
　　3)は「500頭以上」を含む（以下(4)において同じ）。

(4)　総飼養頭数規模別の飼養頭数（全国）　（平成13年～令和2年）

区　　分		計	1　～　2　頭	3　～　4	5　～　9	10　～　19
平成 13 年	(1)	2,776,000	40,000	73,800	175,800	225,300
14	(2)	2,794,000	33,600	73,900	163,500	227,000
15	(3)	2,765,000	30,100	65,500	157,300	215,700
16	(4)	2,755,000	28,600	61,300	153,500	219,700
17	(5)	2,710,000	29,000	59,300	158,800	218,400
18	(6)	2,701,000	26,900	52,700	147,300	201,200
19	(7)	2,775,000	24,500	49,200	136,900	194,800
20	(8)	2,857,000	1) 68,600	…	124,100	198,300
21	(9)	2,891,000	1) 82,400	…	127,800	188,200
22	(10)	2,858,000	1) 72,000	…	127,100	173,600
23	(11)	2,736,000	1) 71,000	…	112,600	162,700
24	(12)	2,698,000	1) 65,000	…	103,600	162,200
25	(13)	2,618,000	1) 58,400	…	100,100	152,200
26	(14)	2,543,000	1) 52,700	…	92,800	141,000
27	(15)	2,465,000	1) 46,300	…	82,000	138,900
28	(16)	2,457,000	1) 36,600	…	79,600	138,000
29	(17)	2,475,000	1) 35,700	…	71,100	136,700
30	(18)	2,490,000	1) 31,200	…	66,400	135,000
31（旧）	(19)	2,478,000	1) 29,100	…	65,200	133,300
31（新）	(20)	2,527,000	1) 30,800	…	67,200	120,300
令和 2	(21)	**2,555,000**	1) **28,700**	…	**63,400**	**117,300**

単位:戸

20 ～ 29	30 ～ 49	50 ～ 99	100 ～ 199	200 ～ 499	500 頭 以 上	
6,210	5,120	4,200	2,810	3) 2,560	…	(1)
5,960	5,220	4,150	2,780	3) 2,600	…	(2)
5,710	5,090	4,220	2,750	3) 2,580	…	(3)
5,780	4,740	4,350	2,560	3) 2,400	…	(4)
5,440	4,670	4,100	2,520	3) 2,310	…	(5)
5,420	4,480	4,300	2,520	3) 2,260	…	(6)
5,230	4,680	4,250	2,640	3) 2,420	…	(7)
2) 10,600	…	4,400	2,570	3) 2,430	706	(8)
2) 10,500	…	4,200	2,570	3) 2,390	774	(9)
2) 10,300	…	4,050	2,480	3) 2,510	760	(10)
2) 9,880	…	4,170	2,540	3) 2,190	780	(11)
2) 9,050	…	4,240	2,340	3) 2,190	733	(12)
2) 9,190	…	3,820	2,300	3) 2,190	718	(13)
2) 8,280	…	3,870	2,270	3) 2,140	715	(14)
2) 8,260	…	3,730	2,130	3) 2,110	720	(15)
2) 8,310	…	3,780	2,310	3) 2,280	714	(16)
2) 7,880	…	4,200	2,100	3) 2,220	741	(17)
2) 8,070	…	4,150	2,090	3) 2,210	769	(18)
2) 8,020	…	3,910	2,180	3) 2,250	759	(19)
4,050	4,100	3,890	2,180	1,380	732	(20)
4,010	4,020	3,920	2,180	1,400	743	(21)

単位:頭

20 ～ 29	30 ～ 49	50 ～ 99	100 ～ 199	200 ～ 499	500 頭 以 上	
147,200	191,500	290,200	386,800	3) 1,245,000	…	(1)
140,300	192,000	288,000	378,200	3) 1,298,000	…	(2)
135,900	189,300	284,600	375,600	3) 1,311,000	…	(3)
140,000	183,900	313,900	372,800	3) 1,281,000	…	(4)
138,300	185,400	299,800	357,400	3) 1,263,000	…	(5)
138,300	178,000	301,300	368,300	3) 1,287,000	…	(6)
130,500	185,700	299,400	378,700	3) 1,375,000	…	(7)
2) 318,000	…	301,400	377,900	3) 1,469,000	918,900	(8)
2) 350,000	…	302,400	367,800	3) 1,472,000	972,500	(9)
2) 335,500	…	301,400	355,100	3) 1,494,000	961,800	(10)
2) 321,900	…	303,700	364,800	3) 1,399,000	947,500	(11)
2) 299,500	…	310,300	342,600	3) 1,415,000	934,700	(12)
2) 307,700	…	284,300	333,300	3) 1,382,000	921,700	(13)
2) 275,600	…	283,500	326,400	3) 1,371,000	915,800	(14)
2) 269,700	…	274,900	308,100	3) 1,346,000	907,100	(15)
2) 257,100	…	272,000	334,300	3) 1,339,000	884,400	(16)
2) 251,800	…	301,000	292,400	3) 1,386,000	948,600	(17)
2) 255,000	…	294,100	293,600	3) 1,414,000	977,200	(18)
2) 260,600	…	275,800	310,000	3) 1,404,000	968,500	(19)
102,000	164,400	282,600	319,400	429,400	1,011,000	(20)
101,500	161,500	286,800	317,600	436,900	1,042,000	(21)

2 肉用牛（続き）

(5) 肉用種の出生頭数
　ア　月別出生頭数

単位：千頭

年　次	1月	2月	3月	4月	5月	6月	7月	8月	9月	10月	11月	12月
平成 26年	42	38	44	43	44	41	43	42	39	38	38	39
27	42	38	44	43	41	44	43	41	38	40	40
28	42	40	45	44	44	43	44	45	41	41	39	43
29	43	39	46	45	46	44	46	(46)46	(43)43	(41)41	(42)42	(45)45
30	(44)44	(40)40	(47)47	(46)46	(46)46	(45)45	(47)47	46	43	41	41	44
31	46	42	48	45	47	45	47	1) ‥	1) ‥	1) ‥	1) ‥	1) ‥

注：1　平成26年1月から平成30年7月までは畜産統計調査、平成30年8月以降は牛個体識別全国データベース等の
　　　　行政記録情報や関係統計により集計した加工統計である。
　　2　平成29年8月から平成30年7月までの（　）は、平成30年8月以降の集計方法による数値である。
　　1)は令和3年2月1日現在の統計において対象となる期間である（以下イにおいて同じ）。

イ　期間別出生頭数

単位：千頭

年　次	計	出　生　頭　数					
		前　半　期（2月～7月）			後　半　期（8月～翌年1月）		
		小　計	め　す	お　す	小　計	め　す	お　す
平成 26年	491	253	121	132	238	115	124
27	497	254	122	132	243	116	127
28	511	260	124	136	251	119	132
29	527	266	127	139	(261)261	(123)123	(138)138
30	534	(272)272	(129)129	(143)143	262	124	138
31	1) ‥	273	130	143	1) ‥	1) ‥	1) ‥

注：1　平成26年前半期から平成30年前半期までは畜産統計調査、平成30年後半期以降は牛個体識別全国データベース等の
　　　　行政記録情報や関係統計により集計した加工統計である。
　　2　平成29年の後半期及び平成30年の前半期の（　）は、平成30年後半期以降の集計方法による数値である。

令和2年　畜産統計

令和3年5月　発行　　　　　　　定価は表紙に表示してあります。

編　集　　〒100-8950　東京都千代田区霞が関１－２－１
　　　　　　　　農 林 水 産 省 大 臣 官 房 統 計 部

発　行　　〒141-0031　東京都品川区西五反田7-22-17　TOCビル
　　　　　　　　一般財団法人　農 林 統 計 協 会
　　　　　　　　振替　00190-5-70255　TEL 03(3492)2987